塔里木河流域近期综合治理系列丛书

# 塔里木河流域
# 近期综合治理工程施工与管理

托乎提·艾合买提 覃新闻 王新平 黄小宁 缪康 编著

中国水利水电出版社
www.waterpub.com.cn

# 内 容 提 要

　　本书是"塔里木河流域近期综合治理系列丛书"之一，由参与塔里木河流域近期综合治理工程建设的有关单位和专家从工程管理和工程技术角度出发，对塔里木河流域近期综合治理工程建设过程中采取的管理方式、施工技术进行了系统的总结，主要介绍了建设管理模式、质量管理、监理管理、设计管理、施工工艺等内容。本书图、文、表、照片并茂，内容丰富，语言平实，着重于工程纪实。

　　本书可供水利水电行业技术人员阅读使用，也可供相关专业的研究人员和相近专业的技术人员参考。

## 图书在版编目（ＣＩＰ）数据

塔里木河流域近期综合治理工程施工与管理 / 托乎提·艾合买提等编著. -- 北京 : 中国水利水电出版社，2014.10
　（塔里木河流域近期综合治理系列丛书）
　ISBN 978-7-5170-2611-2

Ⅰ. ①塔… Ⅱ. ①托… Ⅲ. ①塔里木河－流域－综合治理－工程施工－施工管理 Ⅳ. ①TV882.845

中国版本图书馆CIP数据核字(2014)第236418号

| 书　　名 | 塔里木河流域近期综合治理系列丛书<br>**塔里木河流域近期综合治理工程施工与管理** |
| --- | --- |
| 作　　者 | 托乎提·艾合买提　覃新闻　王新平　黄小宁　缪康　编著 |
| 出版发行 | 中国水利水电出版社<br>（北京市海淀区玉渊潭南路 1 号 D 座　100038）<br>网址：www.waterpub.com.cn<br>E-mail：sales@waterpub.com.cn<br>电话：(010) 68367658（发行部） |
| 经　　售 | 北京科水图书销售中心（零售）<br>电话：(010) 88383994、63202643、68545874<br>全国各地新华书店和相关出版物销售网点 |
| 排　　版 | 中国水利水电出版社微机排版中心 |
| 印　　刷 | 北京博图彩色印刷有限公司 |
| 规　　格 | 184mm×260mm　16 开本　12.25 印张　290 千字 |
| 版　　次 | 2014 年 10 月第 1 版　2014 年 10 月第 1 次印刷 |
| 印　　数 | 0001—1000 册 |
| 定　　价 | **58.00 元** |

凡购买我社图书，如有缺页、倒页、脱页的，本社发行部负责调换
**版权所有·侵权必究**

# 《塔里木河流域近期综合治理工程施工与管理》
## 撰 写 委 员 会

**主　任**　覃新闻

**副主任**　托乎提·艾合买提　石　泉　吾买尔江·吾布力
　　　　　王新平　何　伟

**主要撰写人员**　黄小宁　缪　康　唐湘娟　卓　锐　芦艳玲
　　　　　　　袁　峡　周　军　蒋海滨　阿不都热苏力
　　　　　　　郑　刚　冯　斐　谢松柏

# 前　言

　　塔里木河流域是中国最大的内陆河流域，是九大水系的 144 条河流的总称，流域总面积 102 万 km²，其中沙漠面积占 33%，平原区只占 20%，生态环境十分脆弱，塔里木河干流下游长期断流。塔里木河流域近期综合治理项目是拯救塔里木河干流下游生态的一项系统工程，工程措施是近期综合治理重要手段之一，是实现近期综合治理目标，恢复下游生态的基础。由于工程类型众多，涉及地区范围广，对项目的组织实施与管理带来了较大的困难。

　　自 2001 年来，在塔里木河流域管理局的精心组织下，经过各建设单位全体建设者的努力奋斗，完成了塔里木河流域近期综合治理九大类近 500 个项目的工程建设。通过工程建设与管理实践，总结出了一套适应于流域治理的工程建设管理、施工组织和运行管理经验，为今后同类流域治理工程建设与管理提供了宝贵经验。

　　为使从事水利水电行业工程建设与管理的同行们，能较好的参考和借鉴塔里木河流域近期综合治理工程建设与运行管理的经验，塔里木河流域管理局组织参与工程建设与管理的专业技术人员编写了"塔里木河流域近期综合治理系列丛书"之一《塔里木河流域近期综合治理工程施工与管理》。参加撰写的人员有：第 1 章～第 3 章由新疆塔里木河流域管理局缪康撰写；第 4 章由新疆塔里木河流域管理局缪康，新疆塔里木河流域管理局卓锐、袁峡、蒋海滨、阿不都热苏力、郑刚，塔里木河流域工程建设处周军、冯斐，塔里木河流域喀什管理局谢松柏参与撰写；第 5 章由新疆塔里木河流域管理局唐湘娟撰写；第 6 章由新疆塔里木河流域管理局缪康撰写；新疆塔里木河流域管理局黄小宁、缪康对本书撰写进行了统稿；芦艳玲参与了本书的照片整理。

　　本书在撰写出版过程中，得到了有关领导和参加建设的单位的关心和指导，中国水利水电出版社给予了大力支持，在此，一并表示衷心的感谢。

塔里木河流域近期综合治理系列丛书撰写委员会

2014 年 3 月

# 目　　录

# 1

近期综合治理规划概况

## 1.1 流 域 概 况

### 1.1.1 塔里木河流域

塔里木河流域是环塔里木盆地的和田河、叶尔羌河、喀什噶尔河、阿克苏河、开都河—孔雀河、渭干河与库车河、迪那河、车尔臣河和克里雅河等九大水系的 144 条河流的总称，是我国最大的内陆河流域，流域总面积 102 万 km² （国内面积 99.6 万 km²），其中山地占 47%，平原区占 20%，沙漠面积占 33%。流域内有 5 个地（州）的 42 个县（市）和生产建设兵团 4 个师的 55 个团场。1998 年，流域总人口 825.7 万人，其中少数民族占流域总人口的 85%，是以维吾尔族为主体的少数民族聚居区，流域内现有耕地 2044 万亩，国内生产总值 350 亿元，流域多年平均天然径流量 398.3 亿 m³，主要以冰川融雪补给为主，不重复地下水资源量为 30.7 亿 m³，流域水资源总量为 429 亿 m³。塔里木河流域水系见图 1.1。

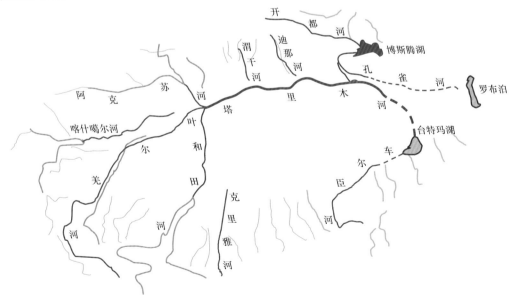

图 1.1 塔里木河流域水系图

流域内土地资源、光热资源和石油天然气资源十分丰富，是我国重要的棉花生产基地、石油化工基地和 21 世纪能源战略接替区；塔里木河流域历史上形成的天然绿洲，是阻挡塔克拉玛干沙漠的风沙侵袭、保护人类生存环境的天然屏障；塔里木河流域水资源开发利用和生态环境保护，不仅关系流域自身的生存和发展、民族团结、社会安定、国防稳固的大局，也关系到西部大开发战略的顺利实施，战略地位十分重要。

### 1.1.2 塔里木河

塔里木河是指塔里木河的干流，塔里木河干流全长 1321km，自身不产流，历史上塔里木河流域的九大水系均有水汇入塔里木河干流。由于人类活动与气候变化等影响，20世纪 40 年代以前，车尔臣河、克里雅河、迪那河相继与干流失去地表水联系，40 年代以后喀什噶尔河、开都河—孔雀河、渭干河也逐渐脱离干流。目前与塔里木河干流有地表水联系的只有和田河、叶尔羌河和阿克苏河三条源流，孔雀河通过扬水站从博斯腾湖抽水经库塔干渠向塔里木河下游灌区输水，形成"四源一干"的格局。塔里木河干流河道见图 1.2。

图 1.2　塔里木河干流中下游

### 1.1.3 "四源一干"水系

"四源一干"区域地跨新疆维吾尔自治区 5 个地（州）的 28 个县（市）和生产建设兵团 4 个师的 46 个团场，流域面积 25.9 万 km²（国内面积 23.63 万 km²），占塔里木河流域总面积的 25.4%，多年平均年径流量 264.5 亿 m³，占塔里木河流域年径流总量的66.4%。"四源一干"水系见图 1.3。

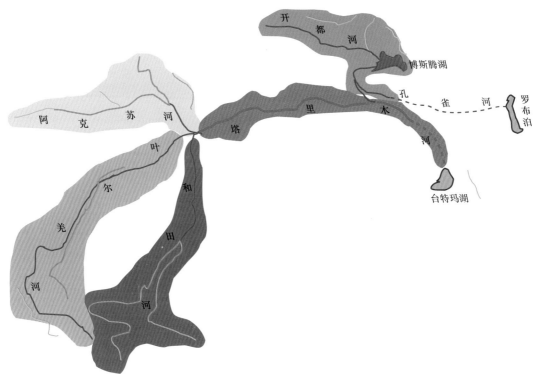

图 1.3 "四源一干"水系图

塔里木河干流位于塔里木盆地腹地,从肖夹克至台特玛湖全长 1321km,流域面积 1.76 万 km²,属平原型河流。从肖夹克至英巴扎为上游,河道长 495km,河道纵坡 1/4600~1/6300,河床下切深度 2~4m,河道比较顺直,很少汊流,河道水面宽一般在 500~1000m,河漫滩发育,阶地不明显。英巴扎至恰拉为中游,河道长 398km,河道纵坡 1/5700~1/7700,水面宽一般在 200~500m,河道弯曲,水流缓慢,土质松散,泥沙沉积严重,河床不断抬升,加之人为扒口,致使中游河段形成众多汊道。恰拉以下至台特玛湖为下游,河道长 428km。河道纵坡较中游段大,为 1/4500~1/7900,河床下切一般为 3~5m,河床宽约 100m 左右,比较稳定。塔里木河上、中、下游划分见图 1.4。

阿克苏河由源自吉尔吉斯斯坦的库玛拉克河和托什干河两大支流组成,河流全长 588km,两大支流在喀拉都维汇合后,流经山前平原区,在肖夹克汇入塔里木河干流。流域面积 6.23 万 km²(国外流域面积 1.95 万 km²),其中山区面积 4.32 万 km²,平原区面积 1.91 万 km²。

叶尔羌河发源于喀喇昆仑山北坡,由主流克勒青河和支流塔什库尔干河组成,进入平原区后,还有提兹那甫河、柯克亚河和乌鲁克河等支流独立水系。叶尔羌河全长 1165km,流域面积 7.98 万 km²(境外面积 0.28 万 km²),其中山区面积 5.69 万 km²,平原区面积 2.29 万 km²。叶尔羌河在出平原灌区后,流经 200km 的沙漠段到达塔里木河。叶尔羌河河道见图 1.5。

和田河上游的玉龙喀什河与喀拉喀什河,分别发源于昆仑山和喀喇昆仑山北坡,在阔

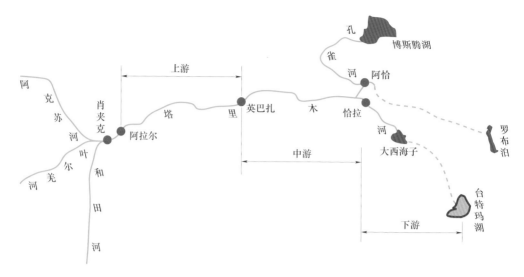

图 1.4　塔里木河上、中、下游划分示意图

什拉什汇合后，由南向北穿越塔克拉玛干大沙漠 319km 后，汇入塔里木河干流。流域面积 4.93 万 km²，其中山区面积 3.80 万 km²，平原区面积 1.13 万 km²。

开都河—孔雀河流域面积 4.96 万 km²，其中山区面积 3.30 万 km²，平原区面积 1.66 万 km²。开都河发源于天山中部，全长 560km，流经 100 多 km 的焉耆盆地后注入博斯腾湖。博斯腾湖是我国最大的内陆淡水湖，湖面面积为 1000km²，容积为 81.5 亿 m³，从博斯腾湖流出后为孔雀河。开都河上游河道见图 1.6。

图 1.5　叶尔羌河

图 1.6　流经巴音布鲁克草原的开都河

20 世纪 20 年代，孔雀河水曾注入罗布泊，河道全长 942km，进入 20 世纪 70 年代后，流程缩短为 520 余 km，1972 年罗布泊完全干枯。随着入湖水量的减少，博斯腾湖水位下降，湖水出流难以满足孔雀河灌区农业生产需要。同时，为加强博斯腾湖水循环，改善博斯腾湖水质，1982 年修建了博斯腾湖抽水泵站及输水干渠，每年向孔雀河供水约 10 亿 m³，其中约 2.5 亿 m³ 水量通过库塔干渠输入恰拉水库灌区。博斯腾湖见图 1.7。

图 1.7  博斯腾湖

## 1.1.4  流域地貌特征

塔里木河流域背倚天山，西临帕米尔高原，南凭昆仑山、阿尔金山，三面高山耸立，地势西高东低。来自昆仑山、天山的河流搬运大量泥沙，堆积在山麓和平原区，形成广阔的冲、洪积平原及三角洲平原，以塔里木河干流最大。根据成因、物质组成，山区分为下列地貌带。

山麓砾漠带：为河流出山口形成的冲洪积扇，主要为卵砾质沉积物，在昆仑山北麓分布高度 2000～1000m，宽度 30～40km；天山南麓高度 1300～1000m，宽度 10～15km。地下水位较深，地面干燥，植被稀疏山麓砾漠带（见图 1.8）。

冲洪积平原绿洲带：位于山麓砾漠带与沙漠之间，由冲洪积扇下部及扇缘溢出带、河流中、下游及三角洲组成。因受水源的制约，绿洲呈不连续分布。昆仑山北麓分布在海拔 1500.00～2000.00m，宽度 5～120km 不等；天山南麓分布海拔在 1200.00～920.00m，宽度较大；坡降平缓，水源充足，引水便利，是流域的农牧业分布区。冲洪积平原绿洲带见图 1.9。

塔克拉玛干沙漠区：以流动沙丘为主，沙丘高大，形态复杂，主要有沙垄、新月型沙丘链、金字塔沙山等。沙漠区见图 1.10。

图 1.8  阿克苏河支流托什干河冲洪积扇

5

图 1.9 冲洪积平原绿洲

图 1.10 流经沙漠的塔里木河

## 1.1.5 流域气候特征

塔里木河流域远离海洋，地处中纬度欧亚大陆腹地，四周高山环绕，东部是塔克拉玛干大沙漠，形成了干旱环境中典型的大陆性气候。其特点是：降水稀少、蒸发强烈，四季气候悬殊，温差大，多风沙、浮尘天气，日照时间长，光热资源丰富等。气温年较差和日较差都很大，年平均日较差 14～16℃，年最大日较差一般在 25℃ 以上。年平均气温除高寒山区外多在 3.3～12℃ 之间。夏热冬寒是大陆性气候的显著特征，夏季 7 月平均气温为20～30℃，冬季 1 月平均气温为－10～－20℃。塔里木盆地沙尘天气见图 1.11。

冲洪积平原及塔里木盆地不小于 10℃ 积温，多在 4000℃ 以上，持续 180～200 天，在山区，不小于 10℃ 积温少于 2000℃；一般纬度北移一度，不小于 10℃ 积温约减少 100℃，持续天数缩短 4 天。按热量划分，塔里木河流域属于干旱暖温带。年日照时数在 2550～3500h，平均年太阳总辐射量为 1740kW·h/(m²·a)，无霜期 190～220d。

图 1.11 塔里木盆地沙尘天气

在远离海洋和高山环列的综合影响下，全流域降水稀少，降水量地区分布差异很大。广大平原一般无降水径流发生，盆地中部存在大面积荒漠无流区。降水量的地区分布，总的趋势是北部多于南部，西部多于东部；

山地多于平原；山地一般为200~500mm，盆地边缘50~80mm，东南缘20~30mm，盆地中心约10mm。全流域多年平均年降水量为116.8mm，受水汽条件和地理位置的影响，"四源一干"多年平均年降水量为236.7mm，是降水量较多的区域。而蒸发能力很强，一般山区为800~1200mm，平原盆地1600~2200mm（以折算E-601型蒸发器的蒸发量计算）。干旱指数的分布具有明显的地带性规律，一般高寒山区小，干旱指数在2~5之间，戈壁平原大，达20以上，绿洲平原次之，干旱指数在5~20之间。自北向南、自西向东有增大的趋势。

### 1.1.6 水利工程现状

"四源一干"水利工程设施主要有，平原水库、引水枢纽、灌排渠系和机电井。20世纪60年代以来，进行了较大规模的水利工程建设，为流域的社会经济发展发挥了重要作用，到1998年底已建成的各类水利工程情况如下。

（1）平原水库工程。"四源一干"已修建各类平原水库76座，总库容25.5亿 m³，兴利库容20.91亿 m³，其中大型水库6座，总库容12.9亿 m³，兴利库容10.98亿 m³，76座平原水库设计灌溉面积为767.36万亩，有效灌溉面积为548.06万亩，占总灌溉面积的29.1%，设计供水量38.86亿 m³。

（2）引水枢纽工程。"四源一干"已建成各类引水渠首286处，总设计引水能力882m³/s，现状供水能力765m³/s。渠首工程实际控制有效灌溉面积为1844万亩（部分与水库供水范围重复），干流引水口138处，绝大部分为无工程控制的临时引水口。

（3）渠系工程。"四源一干"干渠、支渠、斗渠三级渠道总长度4.85万 km，已防渗1.82万 km，防渗长度占渠道总长度的37.4%，其中干渠的防渗率为41.6%，支渠防渗率为42.9%，斗渠防渗率为33.2%，开都河—孔雀河流域的渠系防渗率比较高，渠道的防渗长度已占渠道总长度的75.4%，而阿克苏河流域和叶尔羌河流域仅分别有28.9%和23.4%。

（4）机电井工程。"四源一干"现机电井有相当一部分用于城乡居民生活和工业供水，农业灌溉的机电井主要用于临时性的抗旱，可控制灌溉面积126万亩，由于缺电或管理不善，目前实际的灌溉面积为70万亩，占总灌溉面积的4.7%，现状供水能力仅为8.89亿 m³。

# 1.2 近期综合治理规划概况

### 1.2.1 规划编制的背景

伴随着塔里木河流域水土资源过度开发利用，进入河流下游地区的水量大幅度减少，造成天然绿洲萎缩，生态系统恶化，若不加以治理，尚与干流有地表水联系的四个源流也有与干流脱离的危险。塔里木河流域在近期综合治理前存在的主要问题主要有下列几个方面。

（1）生态环境恶化。塔里木河三源流阿克苏河、叶尔羌河、和田河进入干流的水量不断减少，据实测资料统计，20世纪60年代三源流山区来水比多年均值偏少2.4亿 $m^3$，干流阿拉尔站年均径流量为51.8亿 $m^3$，90年代在三源流山区来水比多年均值偏多10.8亿 $m^3$ 的情况下，阿拉尔站年均径流量却减少到42亿 $m^3$；干流下游恰拉站的年均径流量从60年代的12.4亿 $m^3$ 减少到90年代的2.7亿 $m^3$。1972年以来塔里木河下游大西海子以下363km的河道长期处于断流状态，近年来下游断流还有向上延伸趋势，台特玛湖自1972年后干涸。干流下游地区地下水位下降，阿拉干附近1973年潜水埋深为7.0m，1997年降到12.65m，下降了5.65m，井水矿化度也从1984年的1.3g/L上升到1998年的4.5g/L。塔里木河干流两岸胡杨林大片死亡，上中游胡杨林面积由50年代的600万亩减少到目前的360万亩，下游由50年代的81万亩减少到1998年的11万亩，具有战略意义的下游绿色走廊濒临毁灭。

（2）抵御自然灾害能力低，洪灾旱灾严重。塔里木河流域四源流区除开都河以外河川径流量年内分配十分不均匀，大多数河流连续最大4个月（6～9月）水量占全年径流量70%～80%，发源于昆仑山的玉龙喀什河最多可占85%以上；春季水量只占10%左右，所以说春水贵如油。夏季洪水遍地流，常常一年内春受旱、夏受洪，农业生产损失较大。

源流地区洪水主要集中在天山、昆仑山的中低山地带，多突发性冰川洪水和局部暴雨洪水。据统计，1959年至今，叶尔羌河发生过15次较大的冰川洪水，阿克苏河支流库玛拉克河发生37次突发性冰川洪水，甚至一年数次。塔里木河干流洪水灾害也很严重。1999年，塔里木河"四源一干"的和田、喀什、克州、阿克苏、巴州五地（州）遭受严重洪灾，受灾人口达50万人，受灾农田85万亩，造成直接经济损失17.3亿元。叶尔羌河洪灾见图1.12。

图1.12　叶尔羌河洪灾中民众抗洪抢险

春季是农作物生长的关键期，而此时河川径流处于最枯时期，由于缺乏调蓄工程，常常因干旱而大面积减产。2000年和田、喀什、克州、阿克苏、巴州发生严重旱情，作物受旱面积达249万亩，其中成灾面积147万亩，有6.8万人和38.9万头牲畜出现饮水困难，旱灾损失5.5亿元。

（3）随人口增长和社会经济发展导致用水剧增，且水资源开发利用粗放浪费严重。据统计，塔里木河上游三源流人口和灌溉面积分别从1950年的156万人和522万亩增加到1998年的392万人和1459万亩，灌区用水量从20世纪50年代的50多亿 $m^3$ 增加到现状约153亿 $m^3$，用水增长了2倍。受财力物力限制，现有灌区建设标准低，引水、渠系建筑物和田间配套工程不完善，干、支、斗、农四级渠道防渗率仅21%，灌溉综合毛定额高达1000 $m^3$/亩左右，已建灌溉工程年久失修、管理水平落后，四源流不同程度的盐碱化面积已达511万亩，占耕地面积的38%。源流土壤次生盐渍化见图1.13。

图 1.13　源流土壤次生盐渍化

（4）水资源开发利用工程布局不完善，缺乏控制性骨干工程。塔里木河流域尚未编制全流域综合治理规划，工程布局和建设很不完善。一是塔里木河干流缺乏堤防和引水控制工程，水量损耗严重。目前干流上中游河段基本无堤防工程，汛期洪水漫溢河段长 400～500km，漫溢宽度一般 3～5km，最宽达 20 多 km，漫溢面积 3000～5000km$^2$，遇丰水年漫溢消耗的水量达 20 亿～30 亿 m$^3$。同时上中游无控制引水口门多达 130 余处，引水渠道防渗率很低，用水浪费极其严重。二是源流缺乏山区控制性调节工程。塔里木河各源流多以冰川融水补给为主，径流年内分配严重不均，主要集中在汛期的 6～9 月，且主要为洪水，3～5 月灌溉季节来水量很少，而需水量却占全年需水量的 30％以上。由于缺乏控制性调节工程，来、用水过程极不协调，造成洪水漫溢与缺水并存。三是平原水库过多，蒸发渗漏损失大。塔里木河"四源一干"共建平原水库 76 座，年蒸发渗漏损失水量约 18 亿 m$^3$，水库水利用率较低，干流平原水库水利用率仅 0.3 左右。

（5）水资源缺乏有效的统一管理，管理设施和手段落后。长期以来，塔里木河流域水资源分属各地（州）、生产建设兵团等多部门管理，没有形成全流域的统一管理机构和有效的管理体制，1997 年虽然成立了塔里木河流域水利委员会和塔里木河流域管理局，负责流域水资源统一管理工作，但由于各源流控制性引蓄水工程及管理机构分属各地区管理，特别是长期形成的以地域为单元的区域管理观念较深，致使塔里木河流域管理局对流域水资源不能有效实施统一调度、合理配置，难以协调地方与生产建设兵团、源流与干流、生产与生态的用水关系。管理设施和手段落后也是水资源有效的统一管理的障碍之一。

塔里木河流域下游生态环境严重恶化的问题引起党中央、国务院的高度重视，为使塔里木河流域的生态环境建设取得突破性进展，在认真研究塔里木河流域水资源和生态环境问题的基础上，水利部和新疆维吾尔自治区人民政府共同编制了《塔里木河流域近期综合治理规划报告》（以下简称《规划》），《塔里木河流域近期综合治理》（以下简称近期综合治理），《规划》于 2001 年得到国务院的批复。

### 1.2.2 规划的范围

与塔里木河干流有地表水联系的阿克苏河、叶尔羌河、和田河、开都河—孔雀河对塔里木河的形成、发展与演变起着决定性的作用，因此，近期治理规划的范围为塔里木河干流和与干流有地表水联系且对干流生态环境有直接影响的阿克苏河、叶尔羌河、和田河、开都河—孔雀河，"四源一干"流域总面积为 25.9 万 km²。

### 1.2.3 规划的任务和目标

《规划》通过认真研究塔里木河流域水资源和生态环境问题，提出了以强化流域水资源统一管理和调度为核心，以源流灌区节水改造和干流河道治理为重点进行综合治理，积极稳妥地进行经济结构调整，实施退耕封育保护，有效保护好现有天然林草植被等治理措施和实施计划。

《规划》提出通过源流灌区工程改造，节约用水，干流河道治理、退耕封育保护、流域水资源统一管理和调度等措施，增加各源流汇入塔里木河的水量，保证塔里木河下游生态水量指标。即在多年平均来水条件下，到 2005 年，塔里木河干流阿拉尔来水量达到 46.5 亿 m³（其中阿克苏河、叶尔羌河、和田河进入干流水量分别为 34.2 亿 m³、3.3 亿 m³、9 亿 m³），开都河—孔雀河向干流输水 4.5 亿 m³，大西海子断面下泄水量 3.5 亿 m³。水流到达台特玛湖，塔里木河下游绿色走廊生态系统显著改善，干流上中游生态用水也有较大增加，源流区农田水利工程的引水渠首、渠系建筑物、田间耕作措施等更加配套完善，节约用水程度大为提高，水资源配置和开发利用更为科学合理，为流域社会、经济、环境及水资源可持续利用创造良好条件。

### 1.2.4 近期综合治理项目

为实现近期综合治理目标，规划针对"四源一干"的资源、经济、环境和水资源利用特点，分别从灌区节水改造、地下水开发利用、河道治理、博斯腾湖输水、生态建设、山区控制性水库建设等方面提出了治理工程措施，即近期综合治理项目，总投资 107.4 亿元。

## 1.3 近期综合治理工程措施概况

近期综合治理是一项生态建设的系统工程，核心是水，介质是河道，通过生态系统的自我修复能力，实现塔里木河下游生态恢复的目标。近期综合治理的措施分为非工程措施和工程措施，非工程措施是指建立权威、统一、高效的流域管理体制，实施流域水资源统一调度与管理，合理地经济社会布局和产业结构调整，流域法规建设和依法管理等（非本书讨论的范围）；工程措施按任务目标可以归结为两大类：一是节水工程措施；二是输水工程措施。

### 1.3.1　节水工程措施

节水的目的是为了增加各源流汇入塔里木河干流的水量，以及减少塔里木河干流耗水量，为向塔里木河下游输水提供水量保证。

（1）源流节水工程措施。在原则不扩大耕地面积的前提下，源流主要采取的节水措施：一是源流灌区的节水改造，包括常规节水改造和高新技术措施节水，可减少灌区的引水、输、配水损失；二是开发利用地下水，在宜井区发展井灌，既可以夺取地下水潜水蒸发损失量，减少引用地表水，又能缓解灌溉高峰期的供水矛盾。

（2）干流节水工程措施。干流主要采取的节水措施：一是改造平原水库，减少水库的蒸发渗漏损失；二是干流两岸灌区的常规节水改造和高新技术措施节水。

### 1.3.2　输水措施

输水措施包含多个方面的内容，主要目的是减少输水损失，提高输水效率。

（1）河道治理工程措施。河道治理工程措施的目的是保证输水通道的畅通，减少无效的满溢损失和河道两岸的无序引水损失包括：一是打通河道沙埋、淤堵严重的和田河下游和叶尔羌河下游；二是在干流疏通长期断流的下游河道，在上中游修建输水堤防、护岸，减少输水损失，提高输水效率，并修建控制性枢纽、引水闸及生态闸，解决两岸供水、无序引水及生态保护问题。

（2）博斯腾湖输水系统工程。修建博斯腾湖扬水泵站，疏通孔雀河，以及修建调节水库和输水渠道，可保证开都河—孔雀河流域向塔里木河供水能力。

（3）信息化服务系统。增加和改建水量调度控制站，加强水量调度站网的基础设施建设，建立先进的水文自动测报和水文、水资源信息服务及水资源管理调度系统，提高水资源动态监测能力，为塔里木河流域水资源统一调度与管理提供了科学的管理手段。

（4）山区控制性水库。在叶尔羌河流域修建一座山区控制性水库，可替代16座平原水库的功能，提高水资源利用率，可提高叶尔羌河向塔里木河输水保证。

此外，还有直接的生态保护措施，即采取退耕封育、水源保证及生物技术等措施，保护与恢复自然植被。

# 2

# 近期综合治理工程措施概述

## 2.1 工程规模与投资概况

根据近期综合治理规划目标,经供需分析,现状水平年干流平均来水量 38.7 亿 m³,与治理目标 51.0 亿 m³ 相差 12.3 亿 m³,所差水量须通过对源流区采取以节水为中心的治理措施来解决,考虑到源流区下游河道的输水损失,当地灌区节水量须达到 19.75 亿 m³。在源流治理的同时,通过干流综合整治和灌区节水改造节水 3.7 亿 m³,并退耕 33 万亩,节水 3.18 亿 m³,以满足干流工业生活用水及合理的生态需水,实现大西海子下泄 3.5 亿 m³ 生态水量,输水到台特玛湖的目标。

针对"四源一干"的资源、经济、环境和水资源利用特点,近期综合治理工程包含了灌区节水改造、地下水开发利用、河道治理、博斯腾湖输水、生态建设、山区控制性水库建设等方面工程措施,总共包含 485 个单项工程,总投资 107.4 亿元。近期综合治理工程规模与投资统计见表 2.1。

表 2.1 近期综合治理工程规模与投资统计表

| 序号 | 工程项目 | | 规 模 | 节水量/亿 m³ | 投资/亿元 |
|---|---|---|---|---|---|
| 1 | 灌区节水 | | 971 万亩 | 15.65 | 55.12 |
| | 其中 | 常规节水 | 926 万亩 | 14.59 | 50.62 |
| | | 高新节水 | 44.9 万亩 | 1.06 | 4.50 |
| 2 | 平原水库改造 | | 改扩建 16 座、废弃 17 座 | 3.20 | 9.44 |
| 3 | 地下水开发利用 | | 新打机井 3272 眼 | 4.58 | 4.18 |
| 4 | 河道治理 | | 疏浚、堤防、护岸、引水闸、生态闸、控制枢纽等 | | 11.74 |
| 5 | 博斯腾湖输水工程 | | 新建扬水泵站 1 座,输水干渠 165km | | 4.70 |
| 6 | 生态建设 | | 退耕封育 3.3 万亩,封育 384 万亩 | 3.18 | 4.80 |
| 7 | 山区控制性水库 | | 坝高 78m,总库容 8.1 亿 m³,装机容量 150MW | | 13.31 |
| 8 | 流域水资源调度及管理 | | 建各类监测站 55 座,水调中心分中心 6 处 | | 1.90 |
| 9 | 前期工作及科研 | | 水资源控制工程生态流域调水工程,水源统一管理研究 | | 2.21 |
| | 合 计 | | | 26.61 | 107.40 |

# 2.2 工 程 布 局

近期综合治理工程分布在塔里木河干流以及和田河、叶尔羌河、阿克苏河、开都河—孔雀河的河道上，以及"四源一干"的各灌区内。近期综合治理工程分布见图 2.1；塔里木河干流近期综合治理工程分布见图 2.2；和田河近期综合治理工程分布见图 2.3；叶尔羌河近期综合治理工程分布见图 2.4；阿克苏河近期综合治理工程分布见图 2.5；开都河—孔雀河近期综合治理工程分布见图 2.6。

# 2.3 节 水 工 程

## 2.3.1 灌区节水改造工程

近期综合治理工程实施前，"四源一干"灌区水资源利用粗放，水量浪费严重，通过节水改造，不仅可以提高水资源利用效率，防治土壤盐碱化，又可为抢救干流下游绿色走廊提供水资源保证。

近期灌区节水改造的原则为：以常规节水技术为主，渠系工程和田间工程并重，加快渠系工程衬砌、田间工程配套和渠首工程改造，适度发展高新节水面积。规划近期"四源一干"地区新增节水灌溉面积 971 万亩，占现状灌溉面积的 51%，节水量 15.65 亿 $m^3$（指灌区当地节水量），工程总投资 55.11 亿元。

（1）常规节水。"四源一干"在节水灌溉方面存在的主要问题是：灌区建设标准低，配套程度差，经过多年运行，老化失修严重；渠首缺乏控制工程，引水保证率低；闸门漏水，启闭不灵；渠系衬砌率不足 1/4，输水损失量大；田间工程不配套，土地不平整，畦块面积过大；灌水技术落后，部分灌区仍采用大水漫灌；部分灌区由于排水不畅，地下水位长期偏高，土壤盐碱化严重，为了洗盐压碱而采用大水漫灌，造成水资源浪费和土壤盐碱化的恶性循环。运行多年的塔里木拦河闸见图 2.7。

灌区常规节水改造以节水增效为中心，采取农业、水利等综合措施，发挥灌区节水、增产综合效益。在积极调整农作物种植结构，降低田间需耗水量的基础上，进行灌区续建配套和节水改造。合并引水口门，建设渠首引水控制工程，提高引水保证率；以输水渠道防渗和改进地面灌水技术为重点，搞好干渠、支渠、斗渠各级渠系衬砌和建筑物配套（见图 2.8 节水改造后的预制六棱板输水干渠）。大力开展平地缩块农田基本建设，积极推广膜上灌、沟灌和小畦灌，完善配套渠系量水设施；在地下水位高、盐碱化威胁较重的灌区积极发展井渠双灌和灌排配套，控制地下水位，防止盐碱化。在布局上，优先在灌区配套程度差，现状灌溉定额高，节水效果显著的灌区。规划"四源一干"在现有灌区中发展常规节水灌溉面积 926 万亩，渠系水利用系数由 0.4 提高到 0.5 以上，节约引水量 14.59 亿 $m^3$，投资 50.62 亿元。其中源流区发展节水面积 867 万亩（阿克苏河 379.8 万亩、叶尔羌河 318.7 万亩、和田河 101.9 万亩、开都河—孔雀河 66.7 万亩），节水量 12.21 亿 $m^3$，投资 46.29 亿元；塔里木河干流发展节水面积 59.1 万亩，节水量 2.38 亿 $m^3$，工程总投资 4.33 亿元。

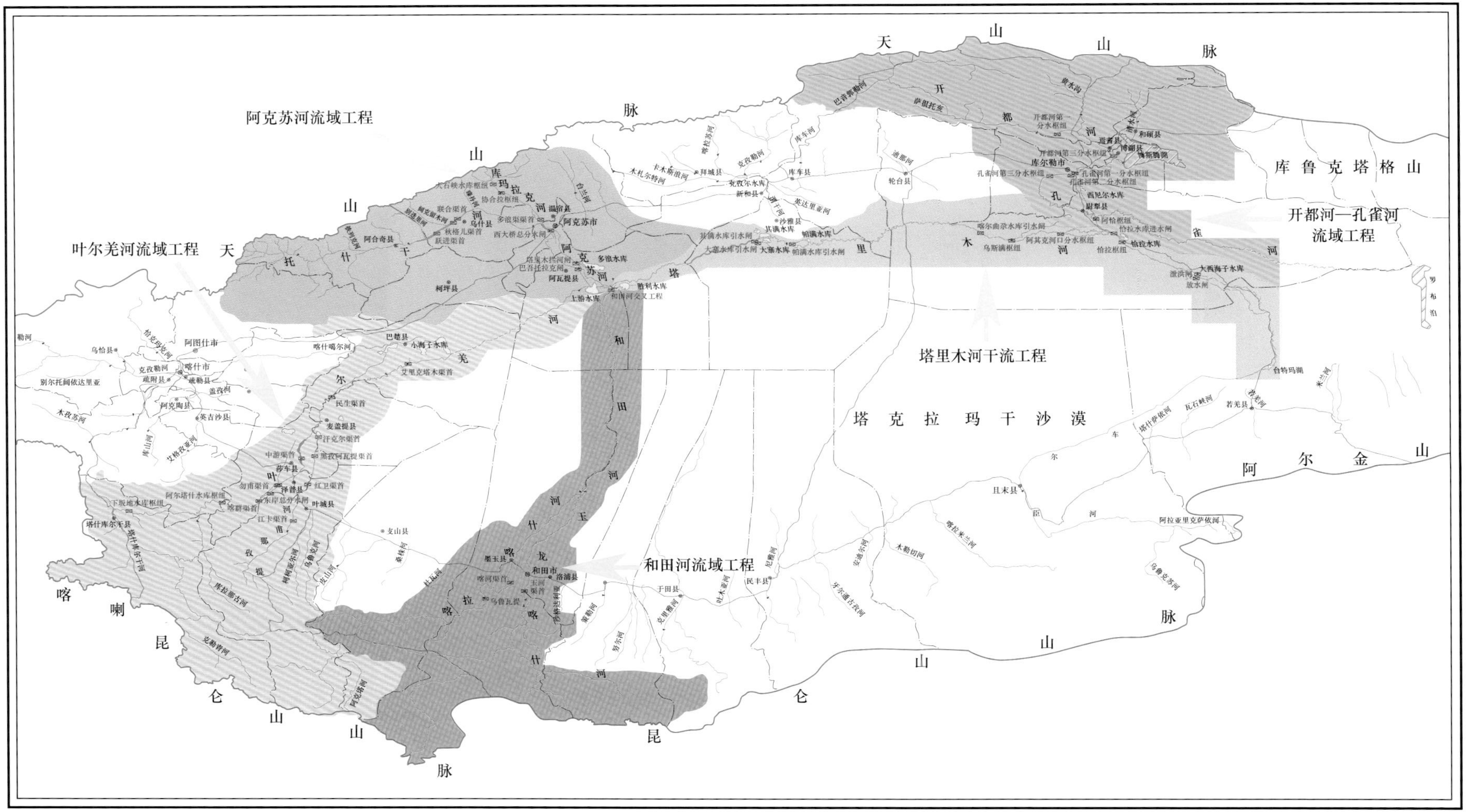

图 2.1 近期综合治理工程分布图

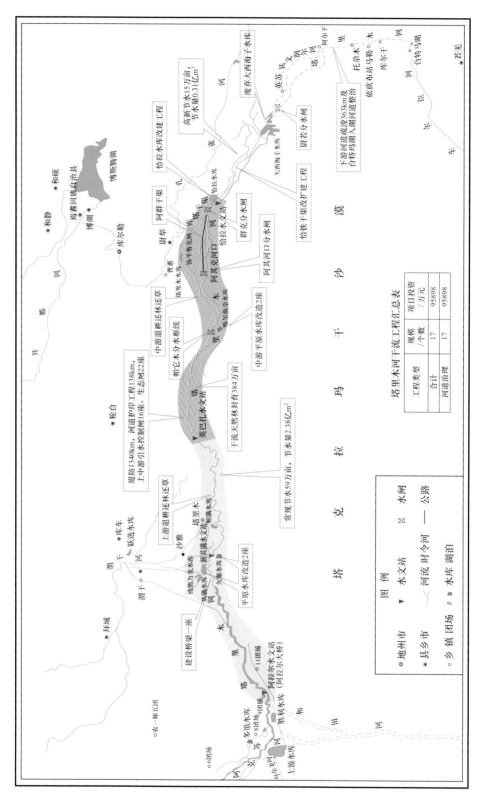

图 2.2 塔里木河干流近期综合治理工程分布图

**塔里木河干流工程汇总表**

| 工程类型 | 规模/个数 | 项目投资/万元 |
|---|---|---|
| 合计 | 17 | 95898 |
| 河道治理 | 17 | 95898 |

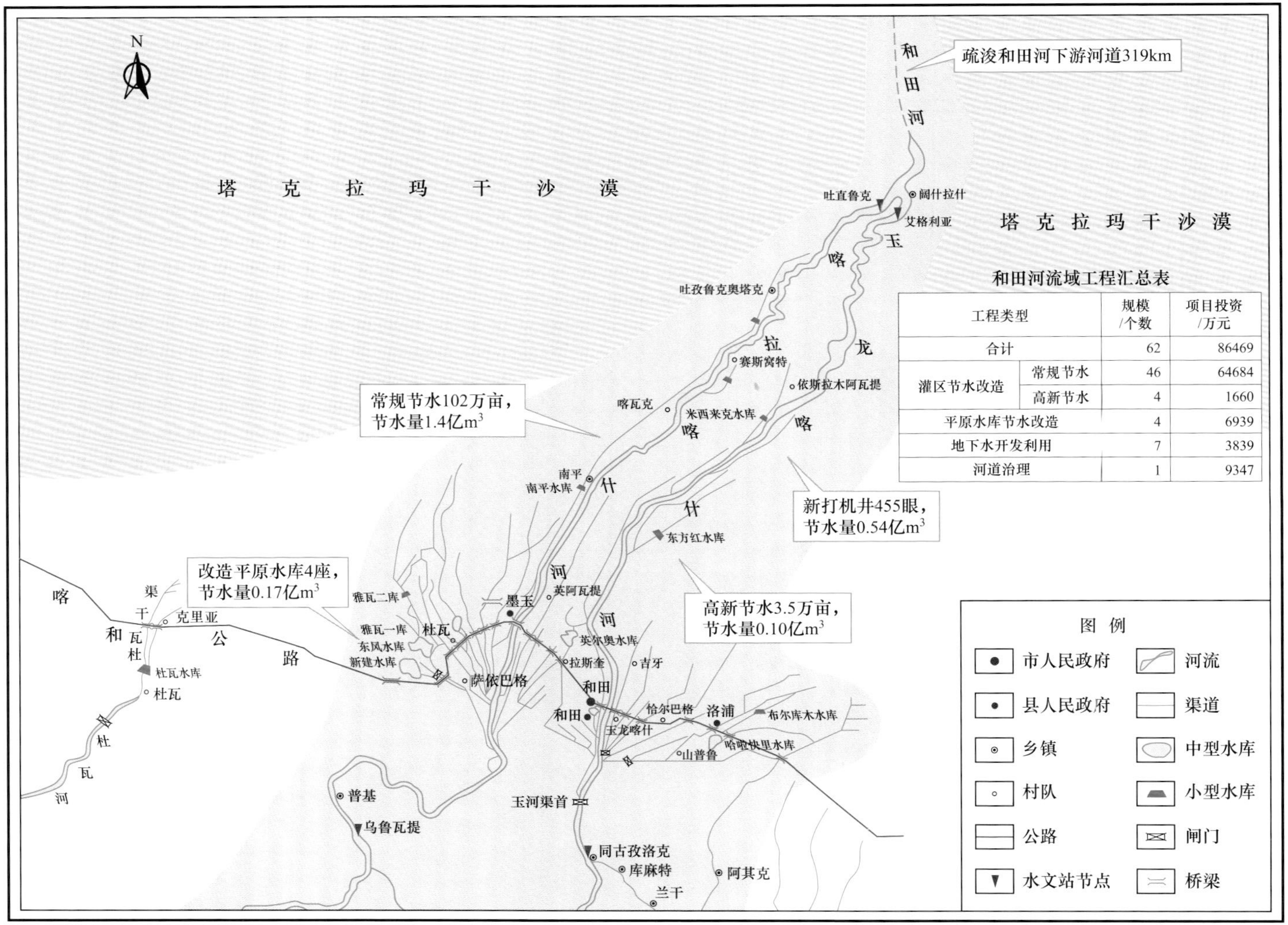

和田河流域工程汇总表

| 工程类型 | | 规模/个数 | 项目投资/万元 |
|---|---|---|---|
| 合计 | | 62 | 86469 |
| 灌区节水改造 | 常规节水 | 46 | 64684 |
| | 高新节水 | 4 | 1660 |
| 平原水库节水改造 | | 4 | 6939 |
| 地下水开发利用 | | 7 | 3839 |
| 河道治理 | | 1 | 9347 |

图 2.3　和田河近期综合治理工程分布图

**17**

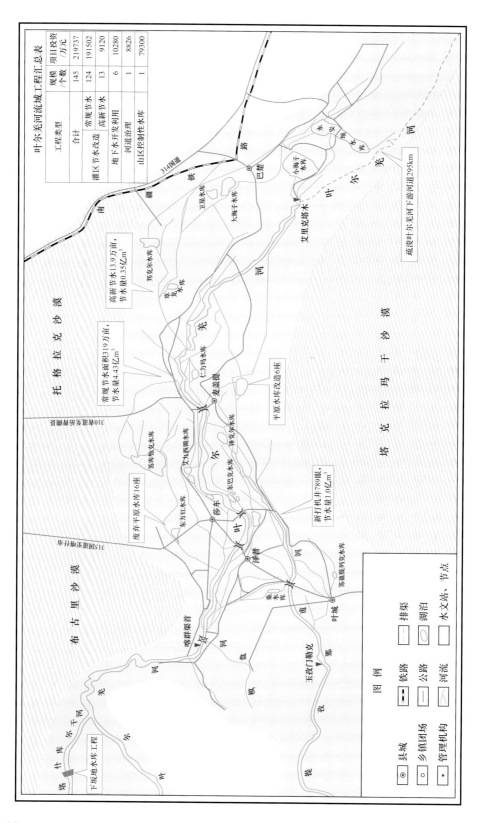

图 2.4　叶尔羌河近期综合治理工程分布图

| 叶尔羌河流域工程汇总表 | | | |
|---|---|---|---|
| 工程类型 | | 规模/个数 | 项目投资/万元 |
| 合计 | | 145 | 219737 |
| 灌区节水改造 | 常规节水 | 124 | 191502 |
| | 高新节水 | 13 | 9120 |
| 地下水开发利用 | | 6 | 10280 |
| 河道治理 | | 1 | 8826 |
| 山区控制性水库 | | 1 | 79300 |

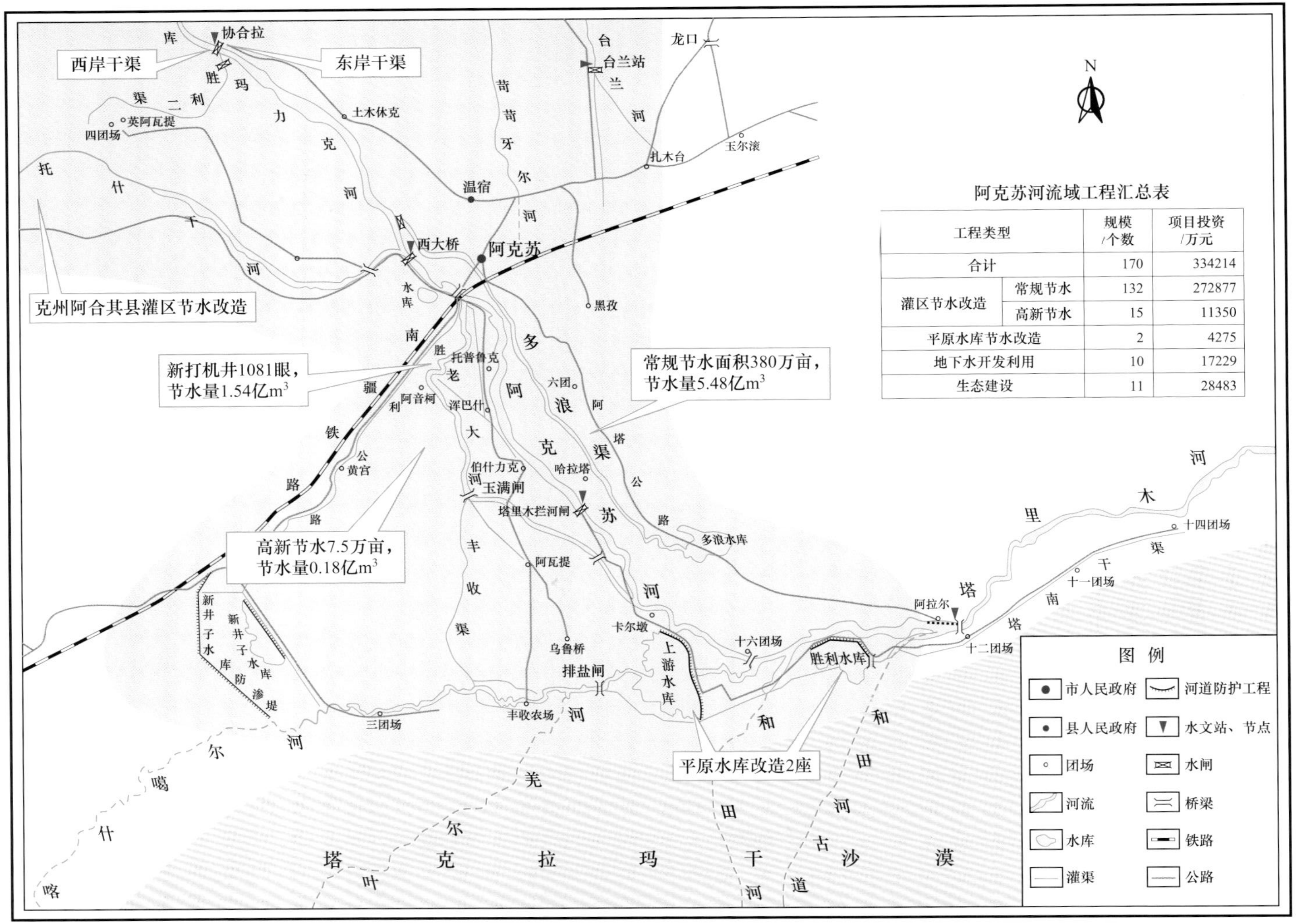

图 2.5 阿克苏河近期综合治理工程分布图

| 工程类型 | | 规模<br>个数 | 项目投资<br>万元 |
|---|---|---|---|
| 合计 | | 170 | 334214 |
| 灌区节水改造 | 常规节水 | 132 | 272877 |
| | 高新节水 | 15 | 11350 |
| 平原水库节水改造 | | 2 | 4275 |
| 地下水水开发利用 | | 10 | 17229 |
| 生态建设 | | 11 | 28483 |

阿克苏河流域工程汇总表

图例

● 市人民政府　　　〜 河道防护工程
◎ 县人民政府　　　▼ 水文站、节点
○ 团场　　　　　　回 水闸
〜 河流　　　　　　回 桥梁
　 水库　　　　　　■ 铁路
□ 灌渠　　　　　　□ 公路

常规节水面积380万亩，<br>节水量5.48亿m³

高新节水7.5万亩，<br>节水量0.18亿m³

新打机井1081眼，<br>节水量1.54亿m³

平原水库改造2座

兵州阿合其县灌区节水改造

西岸干渠

东岸干渠

19

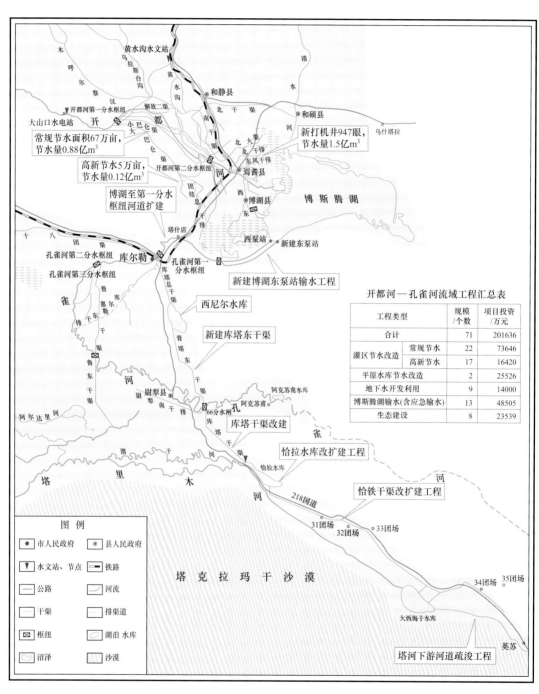

图例

| 工程类型 | | 规模/个数 | 项目投资/万元 |
|---|---|---|---|
| 合计 | | 71 | 201636 |
| 灌区节水改造 | 常规节水 | 22 | 73646 |
| | 高新节水 | 17 | 16420 |
| 平原水库节水改造 | | 2 | 25526 |
| 地下水开发利用 | | 9 | 14000 |
| 博斯腾湖输水(含应急输水) | | 13 | 48505 |
| 生态建设 | | 8 | 23539 |

开都河—孔雀河流域工程汇总表

图 2.6　开都河—孔雀河近期综合治理工程分布图

图 2.7　1972 年投入运行的塔里木拦河闸

图 2.8　节水改造后的预制六棱板输水干渠

（2）高新技术措施节水。与常规节水措施相比，高新节水措施不但节水效率更高，而且还具有节能、省力、节地、对地形和土质适应性强、保土保肥、灌水均匀等特点，从长远看，是节水发展的主要方向。但高新节水措施相应投资较大，运行管理中技术要求较高，运行费用也较高。

高新节水技术主要有管灌、喷灌和微灌（包括滴灌、渗灌、涌流灌等）。根据高新节水技术特性和适用范围，同时，考虑到塔里木河流域各地区高新节水灌溉发展的经验，结合灌区种植结构的调整，高新节水措施主要安排在管理水平较高的灌区、经济作物种植区和井灌区等，以管灌、喷灌为主（低压管道灌溉工程首部见图 2.9）。在现有灌区中发展高新节水措施面积 44.9 万亩，节水量 1.05 亿 $m^3$，投资约 4.5 亿元，其中源流区高新节水措施面积 29.9 万亩（阿克苏河 7.5 万亩、叶尔羌河 13.9 万亩、和田河 3.5 万亩、开都河—孔雀河 5.0 万亩），节水量 0.75 亿 $m^3$，投资约 3.0 亿元；干流高新节水措施面积 15 万亩，节水量 0.3 亿 $m^3$，工程总投资 1.5 亿元。

图 2.9　低压管道灌溉工程首部

## 2.3.2　平原水库节水改造工程

"四源一干"河川径流时空分布不均，加之缺乏山区控制性水库调节，不能满足农业灌溉高峰期的用水要求，从 20 世纪 60 年代开始，源流和干流相继修建了大量平原水库。平原水库由于其水深浅，水面面积大，蒸发渗漏损失水量较大，而且建设标准低，经过多年运行，多为病险库。为了提高水资源利用率，近期应结合平原水库的除险加固，进行坝体防渗、增建引水控制闸等改造，并结合山区控制性水库建设，废弃部分平原水库。改造前的帕满水库引水口见图 2.10。

（1）源流平原水库调整和节水改造（节水改造后的叶尔羌河流域依干其水库见图 2.11）。源流区平原水库主要集中在叶尔羌河流域和和田河流域。和田河流域已建成乌鲁瓦提山区控制性水利枢纽，叶尔羌河流域规划建设下坂地山区控制性水利枢纽，根据其规划开发任务，一部分平原水库的调节供水功能改由山区水库承担。规划近期在叶尔羌河流域废弃平原水库 16 座。对 12 座平原水库进行节水改造，其中阿克苏河 2 座，叶尔羌河 6 座，和田河 4 座。共可节水量 2.22 亿 $m^3$，工程总投资 4.52 亿元。

图 2.10　改造前的帕满水库引水口

图 2.11　节水改造后的平原水库

（2）干流平原水库调整和改造。塔里木河干流上中游的其满、大寨、塔里木、喀尔曲尕 4 座平原水库，均为病险库，蒸发渗漏损失严重，规划对其实施坝体防渗、增建引水控制闸、增深缩库等节水改造。

下游大西海子水库，将塔里木河干流来水全部拦截，是造成下游绿色走廊断流的重要原因之一。为抢救下游生态，打通干流下游输水通道，规划废弃大西海子水库。水库废弃后，其灌区的灌溉任务由恰拉水库承担，结合博斯腾湖输水工程，规划对恰拉水库进行除险加固和防渗改造，并修建相应的配套工程（改扩建恰铁干渠及库塔干渠等）。

塔里木河干流平原水库调整、节水改造工程总投资 4.92 亿元，可节水量 0.98 亿 m³。

### 2.3.3　地下水开发利用工程

塔里木河四源流平原地区地下水资源丰富，水位埋深浅，蒸发损失量大。在宜井区积极稳妥地发展井灌（正在抽水的水源地机井见图 2.12），既可以夺取地下水潜水蒸发损失量，减少地表引水输、配水损失，又能缓解灌溉高峰期的供水矛盾，也有利于控制地下水位，防治土地盐碱化。现状源流区纯井灌面积仅占总灌溉面积的 5%，地下水开采量 4.8 亿 m³，仅占灌溉供水量的 2.3%，占可开采量 71 亿 m³ 的 6.6%，地下水开发利用的潜力较大。

根据各源流区的水文地质条件、机电井发展现状和水资源配置的需要，源流平原区地下水开发，应遵循统一规划、分片布局、解决春旱供水和排水相结合、水源地集中开发与分散开发相结合、机电井建设与高新节水相结合、渠井双灌等原则，并考虑灌区生态系统对地下水位的要求，做到地下水开发与生态保护之间的协调统一。

规划近期源流区新建机电井 3272 眼，并使现有机电井全部配套发挥效益，新增地下水开采量 4.58 亿 m³。新建机电井主要安排在开都河—孔雀河流域的焉耆盆地、阿克苏河平原三角洲、叶尔羌河泉水溢出带及冲积平原上、中段，地下水开发利用工程总投资为 4.18 亿元。

图 2.12　正在抽水的水源地机井

### 2.3.4　生态建设工程

生态建设工程包含：退耕封育保护和林草生态建设。

（1）退耕封育保护。为保护塔里木河干流两岸的森林资源，制止毁林开荒乱占林地，杜绝新的毁林开荒，禁止林地逆转和非法流失，规划在塔里木河干流上中游现有耕地中实施退耕封育保护 33 万亩，需投资 3.3 亿元。其中上游阿克苏地区退耕封育 19.5 万亩，投资 1.95 亿元，中游巴州退耕封育 13.5 万亩，工程总投资 1.35 亿元。

（2）林草生态建设。生态闸的建设为天然植被合理用水提供了可能，但要最终实现两岸生态保护目标，需配合一定的林业和草地生态工程措施。规划在塔里木河干流建设荒漠林恢复、封育工程 280 万亩（干流下游林草封育见图 2.13），其中上中游荒漠林封育 250 万亩（胡杨林 110 万亩，灌木林 140 万亩），下游荒漠林恢复 30 万亩；在塔里木河干流建设草地改良和保护面积 104 万亩，其中上中游草地改良面积 94 万亩，甘草、罗布麻草地经济植物保护区 10 万亩。林草建设工程总面积 384 万亩，工程总投资 1.5 亿元。

图 2.13　干流下游林草封育

# 2.4　向塔里木河干流输水工程

## 2.4.1　塔里木河干流河道治理工程

塔里木河干流上中游河段缺乏堤防控制，河道泥沙淤积，行洪能力不足，洪水期大量漫溢，造成水量在上中游的大量散失。同时干流上中游灌区用水私扒乱引现象十分严重，引水口多达 138 处，其中 90% 的引水口没有永久控制工程，水资源浪费十分严重，超量引水也引起了大面积的土地盐碱化，对干流河道进行治理十分必要。干流河道无序引水见图 2.14。

图 2.14　干流河道非法架泵取水

塔里木河干流河道治理工程的任务是：通过上中游两岸输水堤防、河道整治及疏浚工程建设，合并引水口门，修建引水控制闸，变无序引水为计划用水，提高河道输水能力，一般年份防止洪水无序漫溢，减少水资源无效耗损，为干流生态提供水资源保障。

塔里木河干流河道治理工程的内容主要包括输水堤防、引水控制闸及生态闸、干流控制枢纽、河道整治等内容。

（1）输水堤防（干流600余km输水堤防见图2.15）。输水堤防的主要作用是防止一般年份洪水漫溢，减少水资源无效损耗，提高输水能力和水流行进速度，输水到干流下游。从塔里木河干流上游沙雅二牧场至大西海子，河道长度726.8km，需要建设输水堤防工程。堤防布置原则要有利向下游输水和保护两岸生态，规划近期建设输水堤防长度1340km，工程总投资3.15亿元。

图2.15　干流600余km输水堤防

（2）引水控制闸及生态闸（正在放水的干流生态闸见图2.16）。针对塔里木河干流上中游无序引水和两岸生态保护问题，近期需全部废除所有私自乱扒、乱引的临时性引水口门，结合塔里木河干流经济、生态建设布局和干流输水堤防建设，并考虑管理的需要，统筹规划，综合考虑，修建一定数量的引水控制闸和生态闸，既可为经济建设计划供水，又能满足生态植被的合理需水。为便于集中管理和有利于堤防安全，原则上建闸数量宜少不宜多。

塔里木河干流现有灌溉引水控制闸10座，设计流量129m³/s，控制农业灌溉面积22.4万亩，控制生态面积380万亩，现有生态引水控制闸3座，设计流量21m³/s，控制生态面积30万亩。规划新建灌溉引水控制闸16座，设计流量208m³/s，控制农业灌溉面积36.7万亩，控制生态面积314万亩，投资0.512亿元；新建生态闸22座，设计流量170m³/s，控制生态面积372.5万亩，工程总投资0.44亿元。

（3）塔里木河干流控制枢纽。帕它木分水枢纽位于乌斯满河口以上约30km，将塔里木河来水向北分往乌斯满河，以乌斯满河和恰阳河两岸生态供水为主，兼顾塔里木水库供水区的生产用水；向南分往喀尔曲尕水库，以喀尔曲尕乡的生产用水为主，兼顾生态供水。

阿其河口分水枢纽位于乌斯满河口以下约60km，是阿群干渠进口端的拦河分水枢纽，主要作用是将塔里木河来水通过阿群干渠输送到恰拉水库。干流阿其克河口分水枢纽见图2.17。

尉若分水闸建在大西海子以下其文阔尔河和老塔里木河的分叉口，距

图 2.16 正在放水的干流生态闸

大西海子水库泄水闸约2km，通过尉若分水闸，可将大西海子泄水量分别通过其文阔尔河及老塔里木河向下输送。

帕它木分水枢纽、阿其河口分水枢纽和尉若分水闸工程总投资1.335亿元。

（4）塔里木河干流河道整治和疏浚。塔里木河干流上中游部分河段为游荡型河道，主流摆动频繁。为了控制和归顺河势，保护输水堤防及重要引水设施，根据河道形态、河势变化及重要设施情况，在干流上中游部分河段布置护岸及控导工程，护岸长度138km，

图 2.17 干流阿其克河口分水枢纽

工程总投资 1.04 亿元。

塔里木河干流大西海子以下河道长期干涸，部分河段风沙堆积严重，过水断面缩小，输水能力降低。为确保输水到台特玛湖，需进行河道疏浚，截支堵岔（疏浚后向下游输水的塔里木河道见图 2.18）。规划疏通塔里木河干流大西海子以下河道 363km，工程总投资 1.35 亿元，其中台特玛湖入湖河道整治工程总投资 0.2 亿元。

图 2.18　疏浚后向下游输水的塔里木河道

### 2.4.2　源流向塔里木河干流输水工程

（1）和田河下游向塔里木河干流输水工程。和田河两支流汇合口阔什拉什以下约 319km 的河道由南向北穿越塔克拉玛干沙漠，河道沙埋、淤堵严重，部分河段过流能力不足，汛期洪水大量漫溢，河道输水效率低。为提高输水效率，确保和田河向干流输水，近期规划疏通河道 319km，工程总投资 0.99 亿元。

（2）叶尔羌河下游向塔里木河干流输水工程。叶尔羌河在小海子水库以下，林场多处拦河筑坝，拦截洪水漫灌林区，林场以下河道穿越沙漠区，沙埋淤堵严重，使河道洪水宣泄不畅，下游河道干涸，河道状况恶化，输水能力严重不足。近期规划疏通河道 295km，工程总投资 0.93 亿元。

### 2.4.3　博斯腾湖输水工程

为了扩大博斯腾湖的供水能力，提高输水效率，需要修建博斯腾湖至塔里木河干流的输水工程，主要包括博斯腾湖东泵站（博斯腾湖东泵站见图 2.19）和博斯腾湖至 66 分水闸的输水干渠约 165km。博斯腾湖输水工程总投资 4.0 亿元，增加输水能力 2.0 亿 $m^3$，其中博斯腾湖东泵站设计流量 45$m^3$/s，工程投资 1.4 亿元，博斯腾湖输水工程总投资 2.6 亿元。

图 2.19 博斯腾湖东泵站

# 2.5 山区控制性水库工程

山区控制性水库是塔里木河流域水资源合理配置的重要措施,对解决流域普遍存在的春旱缺水、缺电、洪灾都有重要作用,并可替代部分平原水库,提高水资源利用率,增加向塔里木河干流下泄水量。从目前山区控制性工程比较论证和前期工作深度考虑,规划近期开工建设位于叶尔羌河支流塔什库尔干河上的下坂地水利枢纽。

下坂地水利枢纽工程控制流域面积 $9000km^2$,控制年径流量 10.8 亿 $m^3$,设计最大坝高 81m,总库容 8.1 亿 $m^3$,调节库容 6.44 亿 $m^3$。装机容量 140MW,保证出力 46.1MW,多年平均发电量 4.76 亿 $kW \cdot h$。水库建成后,向农业春旱补水 5.27 亿 $m^3$,可废弃平原水库 16 座,也可通过新增电力多开采地下水以换取更多河水,有利于实现叶尔羌河向塔里木河干流的输水目标,并可在一定程度上缓解叶尔羌河的洪水灾害程度,枢纽工程总投资 18 亿元。下坂地水库见图 2.20。

图 2.20 下坂地水库

# 2.6  水量调度管理及远程监控系统

## 2.6.1  塔里木河流域水量调度管理系统

以实时遥测、卫星遥感信息为基础，结合水文与环境监测等实时数据信息，利用数据库技术、GIS、模型模拟、计算机网络等先进技术，建立塔里木河流域基础数据库系统、专题图库系统和水资源综合分析评价系统，形成实用、可靠的水资源决策支持信息管理系统。

塔里木河流域水量调度管理系统建设，是以数据采集、数据传输和数据存储管理为基础，以水量调度的业务流程为主线，生态环境保护为目的，通过数学模型、虚拟仿真、遥感、地理信息系统等技术手段，构建塔里木河流域水量调度和生态环境监测与评估的应用系统。

## 2.6.2  水量调度远程监控系统

流域水资源调度及管理工程建设，是水资源开发、利用、配置、节约、保护和水资源统一管理、调度的基础。目前，塔里木河流域"四源一干"水文监测站网与水文信息系统建设十分薄弱，测站密度过稀，现有设备严重老化、测量精度无法保证，难以满足流域水资源统一管理、调度和生态环境综合治理的需要，急需增加流域水量调度控制站和对部分水量监测站进行改建。按照正规化、标准化的要求，加强水量调度监测站网的基础设施建设，建立先进的水文自动测报和水文、水资源信息服务及水资源管理调度管理系统，提高对水资源动态的监测能力。

流域水资源调度及管理工程建设要根据流域水资源统一调度、管理的需要，统一规划，合理安排。近期在"四源一干"地区新建流域水量调度控制站11处，改建水量调度控制站26处，新建塔里木河干流地下水监测剖面6处，新建、改建塔里木河流域综合生态站5处；新建塔里木河流域管理局水资源调度指挥中心1处。另外，为了加强监测数据的信息传输和处理，需加强源流流域的水资源调度指挥分中心6处，完善水文信息分中心5处。规划安排工程投资1.9亿元。水量调度管理系统界面见图2.21。

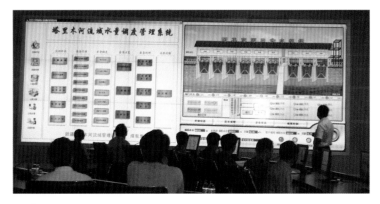

图2.21  水量调度管理
系统功能演示

# 3

# 近期综合治理工程建设管理体系的构建

## 3.1 建设管理的模式

### 3.1.1 近期综合治理工程建设管理的背景

（1）水利工程建设管理体制背景。传统水利建设管理体制采用"一次性业主"，即一个项目设立一个管理班子，工程建成后，项目管理班子随之解散，导致业主的各项责任难以真正落实。20世纪90年代，为了解决"业主缺位"问题，建设管理体制开始了产权改革，许多建设单位改制成为独立的法人，形成了项目法人责任制建设管理模式。项目法人责任制具体表现为"建管结合、贷还结合"，从而把自营制下分离的建设、运营等环节，以市场经济的形式，由业主整合起来。项目法人责任制确立了业主在整个投资过程（包括筹划、筹资、设计、建设、生产、经营、收益全过程）的核心地位，它以业主负责制、招标承包制和建设监理制三项制度为标准制度。

（2）近期综合治理工程特点。近期综合治理工程是一个特殊的多种类工程的集合体，它的立项不是为了灌区的发展壮大，而是与生态水量指标和生态目标紧密结合在一起的，目的是增加下游生态水量，改善长期处于断流状态的下游的生态环境。既然是生态项目，国家投入大量资金，换回生态水量，就不可避免的与项目区当地生产、生活用水产生矛盾。当地政府在项目选择、立项、建设实施上会有所顾虑，一旦工程建成，核减了当地的用水指标，是不是会影响当地农牧业发展，甚至影响经济发展。塔里木河流域还涉及源流与干流，上游与下游，地方与生产建设兵团等多方面的矛盾，增加了项目建设管理的复杂性，需要做大量的协调工作。因此，选择什么样的建设管理方式至关重要。传统的、单一的项目组织管理形式并不适合近期综合治理工程建设。近期综合治理工程的建设管理需要有一个平衡各方利益的机构，这个机构必须具有中立的特征，既要能负责项目的组织实施，又要能承担监督管理项目法人的职能。

出于以上考虑，新疆维吾尔自治区人民政府批准了：塔里木河流域管理局为近期综合治理项目的总项目建设单位。塔里木河流域管理局作为新疆维吾尔自治区人民政府的派出机构，负责项目的组织实施，还承担一定的监督管理职能。

近期综合治理工程的建设管理区域的划分方式：一方面，按照"四源一干"进行划分，这种划分方式对于项目选择、效果评价较为有利，但对单项工程的建设管理不利。另一方面，由于流域和行政区域并不对等，因此，单项工程的建设管理主要采取行政区域管理，结合塔里木河干流河道治理工程由塔里木河流域管理局直接管理的划分方式。本书主要讨论的是后一种划分方式。

### 3.1.2 近期综合治理工程的建设管理模式

近期综合治理工程与其他单项工程建设项目有较大的区别，工程项目分散，很多节水项目均在老灌区，在现有水库、渠道及现有耕地内改造，工程建设周期短，施工与灌水矛盾十分突出，工程征地矛盾非常普遍，需要协调的工作量巨大，单靠塔里木河流域管理局一家单位是不可能完成工程建设任务的。因此，近期综合治理工程采用了"统一管理、分级负责"的原则，建立起了相应的建设管理组织机构。

近期综合治理工程涉及 5 个地（州）的 41 个建设单位，以及 4 个生产建设兵团师的5 个建设单位，以及塔里木河流域管理局直管的 2 个建设单位。按照项目法人责任制的要求，结合近期综合治理工程特点，以及单位隶属关系，工程实施分三级管理，塔里木河流域管理局是总项目建设管理单位，对所有在建的工程质量、工程进度、资金管理、生产安全及工程的防洪度汛负总责，对工程建设进行统一管理；地（州）成立地（州）近期综合治理工程建设领导小组办公室为二级建设管理单位，负有本区域内项目的管理和监督职责；县（市）成立县（市）近期综合治理工程建设项目领导小组办公室为三级建设管理单位，是项目的具体实施单位，承担了计划管理、项目申报审查、资金管理、施工现场管理等项目法人管理职责。投资规模上亿的工程项目成立了单独的建设管理机构，如下坂地水利枢纽工程建设管理局、叶尔羌河中游渠首工程建设管理处等项目法人单位。近期综合治理工程项目建设管理组织机构见图 3.1。

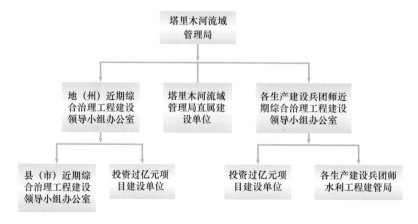

图 3.1　近期综合治理工程项目建设管理组织机构框图

## 3.2　建设管理单位的职责

### 3.2.1　塔里木河流域管理局

塔里木河流域管理局是近期综合治理工程的总项目建设单位，对所有在建项目的工程质量、工程进度、资金管理、生产安全及工程的防洪度汛负总责，对工程建设进行统一管理，在项目建设全过程中的主要职责有下列几个方面。

（1）前期工作。负责组织近期综合治理工程的可行性研究报告的预审工作。严格按照规划负责汇总上报项目的年度建设计划，落实年度工程建设资金，控制工程投资。

（2）建设管理。按照统一管理、分级负责的原则，塔里木河流域管理局负责近期综合治理工程直管项目的建设，授权各地（州）、师工程建设领导小组办公室负责本辖区近期综合治理项目的工程建设管理工作，建设管理的内容包括：负责组织实施近期综合治理工程的招标投标工作；监督、检查各项目的建设管理情况，工程投资、工期、质量、生产安全和工程建设责任制的制定、落实情况等；对建设资金实行统一管理和支付，并对各项目资金的使用进行监督；统计汇总上报各项目工程进度、工程量和资金使用情况；经新疆维吾尔自治区水利厅授权，主持非直管工程目投资在一定规模以下的工程的竣工验收工作，参与部分工程的阶段验收；负责协调与项目有关的外部关系。

### 3.2.2　工程建设领导小组办公室

各地（州）、生产建设兵团师工程建设领导小组办公室，负责本辖区内的近期综合治理工程的建设管理工作，职责与塔里木河流域管理局基本相同，主要是权限大小的区别，但没有主持竣工验收的权限。在塔里木河流域管理局的授权下，各地（州）、生产建设兵团师的规模在万亩以下的高新技术措施节水工程由各地（州）、生产建设兵团师水利局主持。

各县（市）工程建设领导小组办公室，是严格意义上的项目法人。各县（市）工程建设领导小组办公室是基于水管单位组建的，是建管合一的项目法人，这样做的好处是有利于工程的正常运营，避免"重建设，轻管理"的现象。以管理单位作为项目法人会在工程前期阶段或实施阶段提出可行的保值措施，有利于工程的运行。各县（市）工程建设领导小组办公室在工程建设过程中实行项目法人责任制，向各地（州）、生产建设兵团师工程建设项目领导小组和塔里木河流域管理局负责，接受塔里木河流域管理局的监督、检查和指导，主要职责有以下几个方面。

（1）前期工作。负责组织上报年度实施计划，组织项目的可行性研究报告、初步设计报告等文件的编制和申报工作。

（2）建设管理。按照基本建设程序和批准的建设规模、内容、标准负责组织辖区内的工程建设，保证工程设计意图最终实现并形成工程实体。建设管理的主要内容包括：负责监督、检查本辖区内各项目建设管理情况，包括工程投资、工期、质量、生产安全和工程建设责任制情况等；统计上报辖区内各项目工程进度、工程量和资金使用等情况；负责汇总上报在建工程度汛计划，落实防洪度汛措施；是竣工验收的被验收单位；负责监督、检查各项目竣工决算的编制工作；监督、检查各项目工程档案的收集、整理、归档工作；负责协调与项目有关的事宜。

## 3.3　项目建设管理流程

### 3.3.1　项目的审批流程

（1）可行性研究报告的审批流程。

1）投资过亿元的单项工程。投资过亿元的：下坂地水利枢纽、博斯腾湖东泵站、恰拉水库改扩建、开都河第二分水枢纽、叶尔羌河中游渠首、乌斯满枢纽和水量调度远程监控系统等7个单项工程可行性研究报告，经水利部审查，中国国际咨询公司咨询，最后由国家发展和改革委员会批复。

2）其他单项工程。其他工程可行性研究报告经黄河水利委员会审查，最后由新疆发展和改革委员会批复。

单项工程可行性研究报告审批流程见图3.2。

图 3.2　单项工程可行性研究报告审批流程图

（2）初步设计的审批流程。

1）投资过亿元的单项工程。下坂地水利枢纽工程的初步设计，经水利部审查，国家发展和改革委员会投资项目评审中心评审后，最后由水利部批复。

博斯腾湖东泵站、恰拉水库改扩建、开都河第二分水枢纽、叶尔羌河中游渠首、乌斯满枢纽和水量调度远程监控系统等6个单项工程的初步设计，经国家发展和改革委员会投资项目评审中心评审后，最后由新疆发展和改革委员会批复。

2）其他单项工程。其他单项工程的初步设计，经新疆水利厅审查，最后由新疆发展和改革委员会批复。

单项工程初步设计审批流程见图3.3。

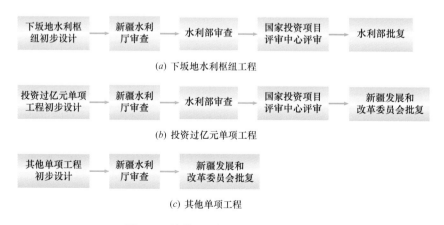

图 3.3　单项工程初步设计审批流程图

### 3.3.2 单项工程的建设程序

前期工作完成后，近期综合治理单项工程从落实资金到竣工验收、交付资产的建设程序单项工程建设流程见图 3.4。

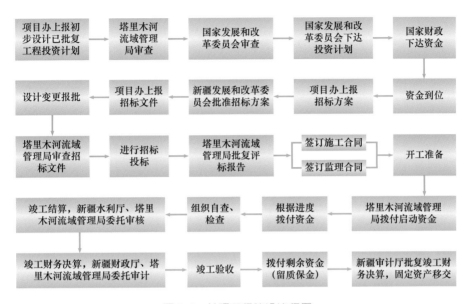

图 3.4 单项工程建设流程图

# 3.4 工 程 质 量 管 理

### 3.4.1 质量管理依照的法规和技术标准

近期综合治理工程质量管理主要依照的是水利工程质量管理法律法规和技术标准。质量管理行政法规体系结构见图 3.5，质量管理技术标准体系见图 3.6。

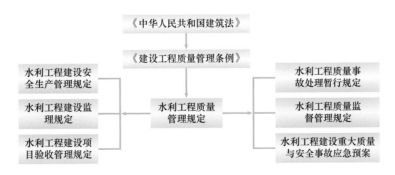

图 3.5 质量管理行政法规体系结构图

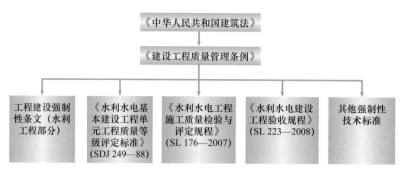

图 3.6　质量管理技术标准体系图

## 3.4.2　质量管理的方式

近期治理工程质量监督按照属地管理的原则，在当地人民政府水利水电工程质量监督站办理质量监督手续，委托当地人民政府进行质量监督。塔里木河流域管理局和各地（州）工程建设领导小组办公室的质量监督方式以抽查为主，在工程建设期间进行巡回监督检查。质量监督工作严格执行工程质量监督程序，有序开展质量监督。

质量监督人员在完成监督检查工作后，填写巡查记录。发现所检查工程存在质量和安全问题时，向项目法人和质量监督机构通报。项目法人要按照通报要求，督促相关部门整改到位，并将整改结果报塔里木河流域管理局。

## 3.4.3　质量巡回监督检查

质量巡回监督检查的对象主要是：建设单位、监理单位、施工单位和设计单位，实施质量巡回监督检查的主体是塔里木河流域管理局和各地（州）工程建设领导小组办公室。近期综合治理项目的质量巡回监督检查平行于当地政府质量监督机构的质量监督，这种质量监督检查的方式适应于分级管理的模式，有利于统一标准，避免众多建设单位质量管理水平参差不齐的情况，有利于提升近期综合治理项目质量管理整体水平。

（1）抽查建设单位的施工质量管理工作。在工程建设过程中，采取不定期抽查方式，监督检查建设单位施工质量管理工作。监督检查主要内容包括：与工程质量有关的规程、规范、技术标准特别是强制性标准执行情况如何。对工程质量是否做到了定期和不定期检查；是否按有关规定参加工程质量评定；是否及时组织已完工程验收，并将验收结论按相关要求报质量监督机构核备（核定）；是否对参建单位的质量行为和实体工程质量进行了监督检查。

（2）抽查监理单位的施工质量控制工作。采取不定期抽查方式，重点监督检查施工现场的质量控制工作。监督检查主要内容包括：总监理工程师是否常驻工地，人员持证情况和人员是否全部到位；是否满足工程建设质量控制的要求。与工程质量有关的规定、规范、技术标准特别是强制性标准执行情况如何；是否委托了有水利工程检测资质的检测单位进行抽检，对工程使用的原材料、中间产品、构配件、设备和施工工序及施工实体工程质量的抽检和抽查情况；是否对施工关键工序、工程关键部位做到了旁站监理，对施工自检是否进行了复核与鉴证，及时对单元工程质量等级进行复核并完善签字手续；是否坚持工程监理例会，及时填写监理日志，对存在的质量问题详细记录，并及时解决；分部工程完工后，是否及时组织了分部工程质量评定与验收工作。

（3）抽查施工单位的施工质量行为。在整个施工过程中采取不定期抽查方式，监督检查施工单位的施工质量行为。监督检查主要内容包括：现场施工质量保证体系的执行情况，质量保证制度的制定及执行情况，工作是否有效。项目经理、技术负责人、质检人员等关键岗位人员是否持证上岗并常驻工地。与工程质量有关的规定、规范、技术标准特别是强制性标准执行情况如何。工程质量检测是否委托了有资质的第三方检测单位进行检测，检测的项目、检测内容和数量（简称"三检制"）是否符合要求。工程质量"三检制"落实情况，是否做到了班组初检、处（队）复检、项目部专职质检机构终检。工程质量缺陷有无私自掩盖行为，是否及时进行了描述、备案，是否及时进行了处理。工序质量、单元工程质量是否及时进行了等级评定，评定工作是否与规程、规范相一致。

（4）抽查勘察设计单位施工过程中的服务行为。在工程施工过程中，不定期抽查设计单位的现场服务体系的落实情况及设计的现场服务工作。监督检查的主要内容包括：项目负责人和现场设代服务是否满足合同要求，设计变更是否符合有关变更的程序，图纸供应与设计通知是否及时。是否按规定及时参加各类验收，并明确提出是否满足设计要求。

（5）监督检查其他单位施工过程中的质量行为。适时抽查材料与设备供应、工程质量检测、施工分包等有关单位施工过程中的质量行为，监督检查有关单位资质、质量体系、关键人员资格、现场有关制度的制定及落实、质量检验及提供质量资料等情况。

# 3.5 监 理 管 理

## 3.5.1 监理依照的法规和技术标准

近期综合治理工程监理管理主要依照的是水利工程监理法律法规和技术标准。监理行政法规、技术标准体系见图 3.7。

图 3.7 水利工程监理法律法规和技术标准体系图

## 3.5.2 监理单位的选择

监理单位是工程建设监理行为的主体，在工程建设中起着不可替代的作用。招标投标是选择好的监理单位的基础，但在实际应用中还需要做好下列几个方面。

（1）在招标投标的基础上，工程管理业务部门一起对参与投标的监理单位实地考察，掌握每个投标方的业绩、人员素质结构、在监理项目的实施状况、诚信度、建设单位与施工单位的评价及主管部门的相关记录，并着重考察总监是否具有丰富的实践经验、过硬的业务水平、较强的组织沟通能力、强烈的责任感等素质。

（2）项目公司应明确总监任职条件和相关专业工程师的任职要求，确保人员素质符合《水利工程建设项目施工监理规范》（SL 288—2003）的规定要求，并将此载入监理合同。

（3）明确监理单位必须接受建设单位的工作监督，如：岗位监督、旁站监督、检验检查、监理月报、现场例会等。

（4）签订的监理合同必须明确监理单位应按《水利工程建设项目施工监理规范》（SL 288—2003）的规定和建设单位的委托内容开展日常监理工作。

### 3.5.3　施工阶段的监理管理

充分发挥监理单位在工程建设中智力服务和监督协调作用是建设单位实现项目投资目标的有效途径。为充分发挥监理的作用，项目法人应做好监理的管理，在管理实践中，要重点做好下列几个方面。

（1）各项目举行首次现场工地会议应由建设单位组织，由总监理工程师执行。除完成《水利工程建设项目施工监理规范》（SL 288—2003）所规定的内容外，还应针对本项目的实际，制定项目管理规定并在首次会上宣布、颁发。如项目总目标、会议制度、检查验收制度、材料检验制度、关键工序与特殊工序监理要求、工程联系单的签发、技术文件的审批时限、工程资料整理要求、值班制度等。

（2）项目开工前，监理单位应将本项目的总监任命书报于项目工程管理部门，同时总监应将参与本项目监理的各专业工程师名单、简历、分工情况报于项目工程管理部门。其间，若有变动应及时书面通知并经项目工程管理部门同意。

（3）项目开工前，监理单位必须按规定将本项目《监理规划》，相关专业《监理细则》报于项目工程管理部门，项目工程管理部门应及时组织有关专业人员予以审核。

（4）项目开工前，监理单位应将本项目的监理控制流程报于项目工程管理部门，项目工程部在日常工作中应监督实施。

（5）项目开工前，总监应认真组织各专业工程师对施工图纸进行审核，并应组织图纸设计交底和图纸会审，做好会审记录，会审记录必需经项目工程部管理部门审核后才能下发各单位。

（6）监理单位应每月向项目工程部管理部门上报监理月报和监理计划，项目工程管理部门应结合工程实际对其认真审核，若有修改要求应随即返回修正，并根据修正后的监理计划，加强对监理单位日常监督。

（7）监理单位应按项目工程部的要求，执行工程监理月报制度。项目工程管理部门应及时结合实际对相关报表予以处置，并在每月的月底对监理的工作给予评价，主要评价其工作的全面性、及时性、真实性、公正性及科学性。

（8）监理单位应对施工单位报送的施工组织设计和各种专项施工方案应及时审批签复，并对存在的问题提出合理化的建议和整改措施。

（9）监理单位应及时对完成的分部分项工程、进场材料设备等进行检查验收，并签证有关书面报单。

（10）监理单位应及时对施工单位、设计单位及建设单位的各种变更审核并签复合理意见。

（11）监理单位对涉及工程质量、技术、造价等方面要使用规范规定的通用表式，各类签证均应报于项目工程管理部门。

### 3.5.4　对监理的考核与评价

塔里木河流域管理局根据现行法律法规要求和监理工作的特点，每年从下列几方面予以考核，并将其作为以后优先合作对象的依据。

（1）监理组织成立是否及时，是否能满足工程监理的需要，人员配备是否符合规范规定、是否及时到位。

（2）监理例会是否正常召开，监理单位能否及时解决问题，解决效果是否彻底。

（3）监理人员是否坚守工作岗位，人员变动应书面报于项目工程部进行认可。能否保持稳定和整体队伍素质的稳定，其内部能否保持工作上的协调和统一。

（4）《监理规划》和《监理细则》上报的及时性，其内容的全面性、针对性，技术方案的合理性、可行性、经济性。

（5）总监是否认真组织专业工程师对施工图纸进行审核，并应组织图纸设计交底和图纸会审，做好会审记录。

（6）监理单位对施工单位送达的专项技术方案、施工组织设计的审核审批的及时性、全面性和合理性。

（7）监理单位对完成项目质量确认的准确性、合理性、及时性。

（8）监理单位管理制度制定的及时性、完整性、针对性、其贯彻执行情况。

（9）监理单位对工程质量、进度、投资、安全文明目标实施的控制情况。

（10）监理单位对重要部位，关键工艺，特殊工序及隐蔽工程是否实施全过程旁站监理。

（11）监理单位在处理协调现场质量、安全、合同等事宜方面的效果。

（12）监理单位对工程技术资料、管理资料的完整性、符合性、及时性、真实性，竣工备案资料的审查情况。

（13）监理单位在项目实施中的公正性、自律性、科学性、守法性。

（14）工程结束后，监理单位的日常监理工作开展情况，包括人员配置、例会组织、技术问题处理、日常协调效果、工程检验、旁站实施、相关报表、工程质量、安全、进度管理、合同管理、成本控制等方面，项目工程管理部门予以综合评价。

### 3.5.5　奖罚

奖罚是为促进监理工作更有利于目标实现而采取的必要手段，旨在通过适度的经济、媒体杠杆等来完善对监理的监督管理。

（1）奖励。对在工程实施中，积极负责，最大限度地以项目管理为中心，科学、公正、独立地发挥监理在工程建设中的监督管理作用，使项目实现了预期目标的，经项目工程管理部门确认，项目法人审核可予以奖励。

对项目具体施工方案审查严谨，能及时修正方案中技术、经济不合理的因素，能为降低工程建设成本提出有效的实施意见的，经项目工程管理部门确认，项目法人审核应予以奖励。

对于能精心监督管理，对工程各分部分项监理到位，能督导施工单位形成工程资料及时、齐全，能公正地维护建设方的利益，能顺利实现或超越质量、安全目标。在建设期间能积极与相关方配合协调，并受到好评的，由项目法人建议对其予以奖励或通过宣传媒体予以公告。

（2）处罚。对监理的处罚由项目法人执行。处罚分建议性处罚、不良信用记录。

建议性处罚：向总监建议更换不称职的监理人员，向监理单位建议更换不胜任的总监，向行政主管部门通报不公正、不守法的监理单位。

不良信用记录：对于因下列原因，监理单位没有认真负责，监督不力造成土建工程完成后不合格，安装工程关键部位或系统无法一次调试而必须修改的，给予不良信用记录，在近期治理工程各级建设单位范围内通报，并将有关情况报送监理单位主管行政部门，对监督不力的监理人员报送资格管理单位。

1）与施工单位相互串通造成工程质量、安全隐患的。

2）不认真履行合同和监理规范规定造成现场管理混乱给工期造成延误或必然延误的。

3）派不具有监理能力的人员强行或无理监理的。

4）不认真审查施工方案造成工程成本不合理支出的。

5）不履行职责，对施工单位违反国家、行业强制性条文规定，对不合格项随意签证评为合格造成严重质量、安全隐患的。

6）不对关键部位、工序及隐蔽工程实施现场旁站监理造成严重质量、安全隐患的。

7）不能与建设单位正常配合工作的，对建设单位的决定已接受而搁置不理的，且对其他工作造成影响的。

8）相关资料、联系单不能及时处理并造成工程无法正常评定或造成其他损失的。

对于近期综合治理项目来说，质量缺陷会影响节水效益，影响规划目标的实现，严重质量事故会威胁生命，造成财产损失。因监理单位监督不力，对工程造成永久性严重质量缺陷的，必须追究监理单位的法律责任。因监理单位监督不力，造成较大质量、安全事故，对以后使用产生安全威胁的，应由项目法人经塔里木河流域管理局逐级上报，由新疆维吾尔自治区人民政府有关部门做出处理决定，直至移交司法部门处理。

# 3.6 工程设计管理

## 3.6.1 勘察设计管理依照的法规

近期综合治理工程勘察设计管理主要依照的是水利工程勘察设计管理法律法规，勘察设计管理行政法规体系见图 3.8。

### 3.6.2 设计管理职责

工程勘察设计管理工作是提高勘察设计质量，规范勘察设计单位和人员行为，保证工程质量和进度的重要环节。为加强近期治理工程的勘察设计管理工作，规范勘察设计单位行为，严格工程勘察设计管理程序，强化项目建设单位、勘察设计单位以及各级审查部门的质量责任意识，提高勘察设计质量水平，近期治理工程各级建设单位在管理实践中不断吸取经验教训，总结出一些的管理办法。

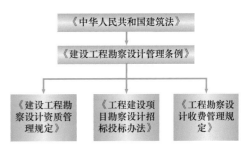

图 3.8 勘察设计管理行政法规体系图

（1）建设单位的职责。在选择勘察设计单位时，近期治理工程各建设单位要按照国家发展和改革委员会会同有关部门下发的《工程建设项目勘察设计招标投标办法》确定勘察设计单位，或直接委托信誉好、内部质量管理体系落实到位、设计资质在乙级以上的勘察设计单位。在签订合同时要保证合理的勘察设计周期、合理的勘察设计费用。

可行性研究报告、初步设计、招投标方案、开工报告等，必须按照现行近期治理工程的规定和要求以及基本建设程序办理报批手续。

设计审查要严把审查关，依法查处无证设计、挂靠设计、出卖图签等违法违规行为。

（2）勘察设计单位的职责。承担近期治理工程的勘察设计单位必须按照《建设工程勘察设计管理条例》、《注册建筑师条例》、《勘察设计注册工程师管理规定》等有关规定执行。

要求勘察设计单位要充分收集资料、深入现场踏勘调研，地质勘探和测量工作内容以及实物工作量满足规范要求和不同设计阶段需要，数据准确可靠，在不同设计阶段对勘测资料进行复核或复测，设计成果要求符合有关规程、规范。

勘察设计单位应对建设单位、监理、施工单位提出的设计变更建议认真听取并加以分析论证，并对所作的设计变更负责，勘察设计单位受建设单位委托进行变更设计时对自己所作的设计成果负责。

要求勘察设计单位建立和健全质量管理体系和制度，通过校对、审核、审定及总工程师负责等多个环节，加强勘察设计全过程质量控制，层层把关，提高勘测设计质量和成品的出图质量。

### 3.6.3 不良信用记录

为了加强勘察设计管理工作，保证工程设计质量，及时跟踪、了解、掌握参与塔里木河项目勘察设计单位的设计质量及服务质量，塔里木河流域管理局通过评分方式，建立不良信用记录。

塔里木河流域制定了工程勘察设计单位设计质量及服务评分表，统一发放各级建设单位，对每一个单项工程或勘察设计单位的设计成果和服务质量进行填表评分。评分报塔里木河流域管理局汇总统计后，塔里木河流域管理局在各级建设单位范围内进行通报。对工程勘察设计成果和服务质量好的勘察设计单位，作为项目法人选择勘察设计单位的参考；

对工程设计成果和服务质量差的勘察设计单位，经核实，确实直接、间接地对工程建设造成损失的，经过核实后，在各级建设管理单位内进行通报，同时，报送勘察设计单位的上级主管部门和新疆勘测设计资质管理部门。

工程勘察设计单位设计质量及服务评分见表3.1。

表3.1 工程勘察设计单位设计质量及服务评分表

| 工程项目名称 | | | |
|---|---|---|---|
| 勘察设计单位 | | | |
| 设 计 阶 段 | | | |
| 评 价 指 标 | 标准分 | 单项分 | 评分标准 |
| 外业工作 收集资料 | 25 | 6 | 充分收集经济、社会、气象、水文、泥沙、水质、产业结构、用水指标、种植结构、建设市场等各种资料 |
| 现场踏看 | | 6 | 不断深入工程现场，对工程现状、灌溉系统、道路交通等进行询问、调查、摸底和踏看。与建设单位、运行管理单位对工程设计思路、方案进行沟通、交流 |
| 勘探测量 | | 13 | 地质勘探和测量工作内容以及实物工作量满足规范要求和不同设计阶段需要，数据准确可靠。地下水位实测时间和年变幅明确，在不同设计阶段对勘测资料进行复核或复测 |
| 技术服务 重视程度 | 30 | 8 | 设计单位各级领导重视和积极参与项目，对项目组工作进展情况熟悉。依法签订合同，合同履约率高 |
| 设计人员 | | 10 | 项目负责人和项目设计人员相对稳定、技术力量强，主要设计人员固定不变。与建设单位、施工、制造和地方关系和谐合作 |
| 设计代表 | | 12 | 设计代表人员稳定，是否长期驻扎工地，胜任工作，确认活动。对现场发生的各类设计问题可以及时处理 |
| 设计 设计报告 | 45 | 10 | 设计成果是否符合设计程序和相应规范，设计报告、图纸排版合理，出版质量高，报告中文字、数据和图表没有差错 |
| 成果 工程设计 | | 20 | 工程设计报告各项资料是否满足上报审查要求，工程设计经济可行、技术合理，设计变更少，工程验收合格 |
| 报告修改 | | 10 | 设计报告审查后是否按审查意见修改、补充和完善，并且按要求及时通知建设单位、上报审查部门 |
| 总 分 | 100 | 100 | |

## 3.6.4　设计变更管理

工程设计变更是勘察设计管理的一个部分，设计变更发生是否频繁，变更是不是合理，也能够反映勘察设计工作的质量。近期治理工程要求设计变更要依据充分、内容明确、措施合理。要坚决杜绝内容不明确、没有详图、没有具体使用部位，而只是增加材料用量的变更。设计变更必须执行先审批、后施工的制度。严禁任何单位和个人借设计变更之名，损害国家利益。

水利部印发的《水利工程设计变更管理暂行办法》是从2012年3月15日开始施行的，此时近期治理工程已经接近尾声，本书主要谈的是在此办法施行前，近期治理工程的一些做法，可供读者参考。

（1）设计变更划分。近期综合治理工程设计变更划分为重大设计变更和一般设计变更。重大设计变更是指项目建设使用功能和建设目的，建设规模和标准，主体工程结构和关键部位等情形之一发生变化的设计变更，超过初步设计批准概算也属于重大设计变更。一般设计变更是指除重大设计变更以外的其他设计变更，重大设计变更界定见表3.2。

表3.2 重大设计变更界定表

| 序号 | 工程分类 | 重大设计变更界定标准 |
|---|---|---|
| 1 | 闸枢纽项目 | （1）建设地点、规模、标准、使用的功能发生变化的；（2）主体工程结构形式和关键部位发生变化的；（3）超批准概算的 |
| 2 | 水库节水改造项目 | （1）水库库容、主坝坝高变化的；（2）坝轴线移动变化的；（3）坝基防渗处理形式和深度变化的；（4）坝体结构和断面设计变化的；（5）超批准概算的 |
| 3 | 高新节水项目 | （1）建设地点变化的；（2）控制规模调整15%以上的；（3）灌溉方式发生变化的；（4）用水水源改变的；（5）超批准概算的 |
| 4 | 常规渠道节水项目 | （1）渠道建设地点、使用的功能变化的；（2）渠线平面布置有较大变化；（3）渠道规模、标准变化的；（4）渠道断面结构形式、防渗方式有较大调整的；（5）渠系建筑物增加数量较大的；（6）超批准概算的 |
| 5 | 地下水开发项目 | （1）地下水开发的建设地点、规模（井数、出水量）变化的；（2）总进尺调整10%以上的；（3）超批准概算的 |
| 6 | 河道整治项目 | （1）河道整治工程方案发生重要变化的；（2）超批准概算的 |
| 7 | 输水堤防和护岸项目 | （1）输水堤防工程的平面布置发生变化的；（2）建设规模、标准变化的；（3）断面和结构形式有较大变化的；（4）护岸工程建设地点变化的；（5）护岸工程结构形式有较大变化的；（6）超批准概算的 |
| 8 | 塔里木河水文站网和监测项目 | （1）项目的建设地点、规模、标准变化的；（2）监测断面数量、位置变化的；（3）监测设施和传输系统发生变化的；（4）超批准概算的 |
| 9 | 退耕封育和天然林封育（水土保持）项目 | （1）退耕封育的地点变化的；（2）面积调减5%以上的；（3）安置方案发生较大变化的；（4）天然林封育保护（水土保持）的建设方案发生较大变化的、保护范围调减5%以上；（5）超批准概算的 |
| 10 | 其他项目 | （1）其他项目在建设规模、标准、地点、目的和使用功能上发生变化的；（2）超批准概算的 |

（2）设计变更的审批。近期综合治理工程设计变更实行逐级审查、审批制。任何单位或者个人不得擅自变更已经批准的初步设计（或技术设计）；也不应肢解设计变更内容规避审批，经批准的设计变更一般不应再次变更。

重大设计变更审批。由建设单位上报项目所在地（州）水行政主管部门初审后上报塔里木河流域管理局预审，塔里木河流域管理局提出预审意见报新疆维吾尔自治区水利厅审查，由设计批准原单位批准。

一般设计变更审批。由建设单位上报所在地（州）水行政主管部门初审后报塔里木河流域管理局审查批准。

（3）设计变更的流程。近期治理工程的勘察设计、施工及监理等单位可以向建设单位提出工程设计变更的建议。建设单位也可以根据工程实际情况直接提出设计变更的建议。设计变更的建议应当以书面形式提出，并应当注明变更理由。建设单位对设计变更的建议及理由应当进行审查核实。必要时，建设单位可以组织勘察设计、施工、监理等单位及有关专家对设计变更建议进行经济、技术方案的比较和论证。

对设计变更的建议，建设单位经审查核实确认后，向地（州）水行政主管部门提出工程设计变更的申请，地（州）水行政主管部门组织有关专家经过审查和论证，作出是否同意开展设计变更的勘察设计工作的决定，并书面通知申请人。

设计变更的勘察设计应当由工程的原勘察设计单位承担。经原勘察设计单位书面同意，建设单位也可以选择其他具有相应资质的勘察设计单位承担。设计变更勘察设计单位应当及时完成勘察设计，形成设计变更文件，并对设计变更文件承担相应责任。

勘察设计单位完成设计变更工作后，建设单位应对设计变更资料的准确性、完整性进行复核，然后上报地（州）水行政主管部门进行初步审查，再上报塔里木河流域管理局进行审查，塔里木河流域管理局出具审查意见。

对需要进行紧急抢险的工程设计变更，建设单位可先进行紧急抢险，同时按照规定的程序办理设计变更审批手续，并附相关的影像资料说明紧急抢险的情形。

（4）设计变更的实施。工程设计变更工程的施工一般由原施工单位承担。原施工单位不具备承担设计变更工作的资质等级或要求时，建设单位应按有关规定选择实施单位。由于工程设计变更引起的建筑安装工程费、勘察设计费和监理费等费用的变化，按照有关规定或合同约定执行。建设单位按照批准的设计变更实施工程建设，依据批准的设计变更进行有关工程支付、结算和工程验收工作。经过审查批准的设计变更，其费用变化纳入竣工决算。未经批准的设计变更，其费用变化不得进入竣工决算。

（5）设计变更的责任。由于塔里木河项目的工程勘察设计单位的工作过失，明显不符合工程实际情况，而引起工程设计变更并造成损失的，设计单位应当承担相应的费用和相关责任。

由于施工单位的原因造成设计变更的，设计变更引起的工程费用和工期延误，由施工单位负责。

工程建设参建各单位的以及审批部门的工作人员在设计变更过程中玩忽职守、欺瞒虚报、谋取不正当利益的，由主管部门或者监察部门给予行政处分；构成犯罪的，依法追究刑事责任。

建设单位存在不按照规定的条件、职责权限和程序上报工程设计变更文件，将近期综合治理项目工程设计变更肢解规避审批，未经审查批准或者审查不合格，擅自实施设计变更等情况，上级水行政主管部门要责令改正；情节严重的，塔里木河流域管理局将暂停对项目的资金下拨，直至报上级主管部门批准停止项目的执行。

# 4

# 工程施工

近期综合治理包含了多种类型的水利工程，由于工程分散在整个塔里木河流域，从山区、戈壁沙漠，到林间、农田，即使同一类型工程采取的材料形式和施工方法也不尽相同。将不同类型工程的施工方法分别进行描述，重点叙述每种工程的设计选择，施工方法，质量控制，以及经验教训等，以记录的方式，供今后参考。

## 4.1 渠道节水改造工程施工

防渗改造渠道的主要目的是节水，渠道改造的重点是对渠道进行防渗衬砌，有效防止渗漏损失，提高渠系水利用率。考虑不同的流量、流速、泥沙含量、地质条件、地下水位、气候条件及施工条件等，近期综合治理工程采用的主要衬砌形式有：现浇混凝土板、预制六棱板及预制 U 形板，结合土工布、塑膜、复合土工膜以及苯板等组合衬砌形式防渗防冻。

### 4.1.1 现浇混凝土板渠道施工

（1）工程概况。苏库恰克水库西库外渠设计流量 $50\sim40\,\mathrm{m^3/s}$，工程级别为 3 级，主要建筑物为 3 级，次要建筑物为 4 级，临时建筑物为 5 级。该渠道位于叶尔羌河冲—洪积扇形成的 II 级阶地上，地势呈东南高北西低，地形自然坡降约为 1/2000，渠道沿线地层岩性主要以泥质粉砂、砂质粉土、黏质粉土、淤泥质土为主，渠线所在的地域地下水位一般在 1197.299～1183.903m 之间，渠道沿线主要是沼泽、芦苇、盐碱地。以苏库恰克水库西库外渠工程第一标段施工为例，叙述现浇混凝土板渠道的主要施工方法。

（2）测量放线。根据设计代表、监理工程师提供的 BM 高程控制点，建立三角控制网，每 200m 增设一个高程控制点，用坚固木桩深埋在不易被人、物、机械车辆损坏的部位，以利渠道施工使用，并作明显标记。渠道开挖前测量渠底高程，每 100m 增设中心控制桩，机械开挖不偏离轴线，每一个高程控制桩进行两次闭合，测量达设计要求报监理工程师复测，复测结果在规范允许偏差范围之内，书面行文上报监理工程师签字认可。施工期间随时检查中心轴线控制桩是否偏移，高程控制点是否移动，在无偏差情况下方可进行正常施工程序，若有偏差必须进行二次或三次复测，在复测结果无误时方可使用该中心控制桩及高程控制点。

（3）渠道土方施工。根据苏库恰克水库西库外渠工程设计图纸和地形地貌具体特征。分为三个施工段同时施工。

0+000～1+000 段设立第一施工队，由 1 名技术人员负责该段施工测量定位放线工作。该段配备 PC220 挖掘机 1 台，进行渠道开挖。ZL50D 装载机 2 台，负责土方转运。由于该施工段左岸有林带和示范开发地，另增加农用车 2 辆，对无处堆放和无法用装载机转运的弃土拉运至较远开阔地段。

1+000～3+800 段设立第二施工队，由 2 名技术人员具体负责该段施工测量，定位放线工作。该段由于芦苇、沼泽地段多，配备 2 台 320 推土机，4 辆 ZL50 型装载机，PC220 挖掘机 1 台，4 辆农用车等综合性配套机械，进行渠道土方开挖，运输工作。该段土方量较大，且须外运土方至较远开阔地，因此，可随时调用其他施工队农用车进行突击工作。

3+800～6+800 段设立第三施工队，由两名技术人员具体负责该段施工测量定位、放线工作，该段属于全开挖渠段，且土方量极大，开挖最高断面约 9m 深，配 2 台 220 挖掘机，5 台 ZL50 型装载机，2 辆方圆车，配套使用。

渠堤填方段，配置 40t 羊脚碾碾压机 1 台。具体施工方法是，每 200m 为一工程段，分层、错位、搭接重复碾压，每层填土由实验员作土方干容重测试，达到合格后进行下一层土料回填碾压。由于该段大部分土质为粉细砂、黏质黏土，回填土料选择含泥量较高，相对理想的土料回填。首先进行地基清理，清除一切杂物，原土碾压、推土机整平、分层碾压，铺土厚度为 20～40cm，严禁出现界沟，相邻作业面均衡上升，以减少施工接缝，一切试验数据达到设计标准后方可进行下一层土料回填，每层回填土料比设计值超宽 30cm，最后用人工清出。

土方开挖施工工序为：施工准备→测量放线→土方开挖→土方转运→边坡精修→马道清理→完工验收。

土方填筑施工工序为：施工准备→测量放线→杂物清理→分层碾压→边坡精修→马道清理→完工验收。

（4）混凝土施工。渠系建筑物混凝土施工严格遵循"由上而下，由深至浅，先重后轻"等原则进行。浇筑渠道混凝土板遵循先齿墙后底板等原则。

模板安装。模板以新的组合钢模为主，木制模板为辅。木模主要用于异形结构安装，木模均在施工现场制作、加工。模板安装要求有足够的强度、钢度与稳定性，能承受混凝土的重压力和侧压力，以及在施工过程中产生的荷载，同时保证建筑物各部位的形状、几何尺寸和相互位置的准确性，模板的平整度、垂直度严格控制在 3mm 之内。

1）混凝土浇筑工艺流程。拌和→运输→入仓→平仓→振捣→养护拆模。

2）混凝土拌和。砂石骨料分类堆放，并插上醒目标志。拌和水必须经过蓄水池澄清后方可使用。严格控制混凝土拌和时间，保证混凝土拌和质量。

3）混凝土水灰比。拌和时严格按照试验室配合比经实验调整后的施工配合比配料，混凝土工程施工配合比见表 4.1，保证拌和混凝土水灰比不变，并做好混凝土坍落度控制检测记录。

4）混凝土温度控制措施。在混凝土浇筑前提前用水喷洒模板和仓面，降低仓面周温度。混凝土浇筑尽量安排气温较低时候进行。混凝土浇筑时严格控制出机、入仓温度并相应做好各种温度检测记录。

表 4.1　　　　　　　　　　　混凝土工程施工配合比表

| 强度等级 | 水灰比 | 砂率/% | 水泥/（kg/m³） | 水/（kg/m³） | 砂子/（kg/m³） | 5～20mm 粒径石子/（kg/m³） | 20～40mm 粒径石子/（kg/m³） |
|---|---|---|---|---|---|---|---|
| C15I 混凝土 | 0.64 | 29 | 320 | 205 | 545 | 1330 | |
| C20Ⅱ 混凝土 | 0.55 | 26 | 340 | 189 | 490 | 592 | 784 |
| C25Ⅱ 混凝土 | 0.55 | 30 | 390 | 210 | 540 | 543 | 719 |

5）混凝土浇筑。混凝土采用机械运输入仓，人工平仓。浇入仓内的混凝土要求随浇随平仓，铺设均匀，分层清除粗骨料集中现象。混凝土工程施工由下至上振捣一遍。第二次铺筑平整，四周用榔头砸密实后，再振捣一遍，凿平提浆，同时检查平整度及相邻板的平整度。平整度误差不超过 5mm，压实压光。混凝土严格按照过磅制度配料。实验员及技术员随时抽查坍落度及配料过磅的偏差。养护时严格保护板面湿润程度。

混凝土施工缝的处理。当基础混凝土浇筑完毕，达到终凝强度时间后，用钢钎将混凝土表面的乳皮凿毛，将废渣清理干净。在上层混凝土浇筑前，先将基面洒水湿润，均匀铺设厚 2～3cm 同标号的水泥砂浆，以利于新老混凝土的结合，从而保证混凝土的整体质量。

6）混凝土养护。在混凝土浇筑完工后，根据气温和混凝土的强度，12～18h 内开始洒水养护，养护时保持混凝土表面湿润，养护时间不少于 14d，标准养护时间为 28d。混凝土板渠道洒水养护见图 4.1。

（5）进水闸扭面段施工。

1）基础排水。根据设计，进水闸扭面段施工排水采用 2 眼井，由于排水量较大，2 眼排水井达不到降低水位的要求，经施工组研究，申报监理、业主，将 2 眼排水井增加为 4 眼，进行深井排水，结果排水效果仍不明显。分析原因：由于该段土质属于粉细泥沙、黏质粉土、地下水位较高，基础呈现液态混流，最终选择大开挖明抽水方案。施工措施：采用 2.2kW、3kW、7.5kW、5.5kW、15kW 抽水泵和细沙泵等机械排水设备，共计 11台。采取芦苇、木桩、塑膜等固砂、明抽综合排水方法，进行连续排水，抢挖基础，达到排水效果。

2）基础垫层。由于地质情况特殊，无法人工直接铺设垫层，采用装载机转运戈壁、卵石，挖掘机转送，适当加大、加宽、加深基础几何尺寸，基础抛卵石，挖掘机推压，砂砾石垫层铺筑厚度控制在 25cm，达到设计高程后进行下一道工序。

3）模板施工。采用强度和稳定性较好并符合要求的优质模板立模，由于基础较深，配用 φ50 钢管，定型槽钢，木桩支撑。在基础模板外围，采用挖掘机，打桩三排固定支架，保证混凝土施工模板不变形，不移位倾斜，支模完毕，达到设计要求，班组自检合格报质检人员，再报监理工程师检验，检验合格后方可进行下一道工序。待混凝土浇筑强度达 80%以上进行拆模。拆模原则：从上到下，从里到外，整齐堆放，以利下次使用。

4）混凝土施工。人工配料，农用车、手推车、人工配套运输，分层御料，人工平仓

(a) 抹光机提浆抹面

(b) 混凝土板渠道洒水养护

(c) 渠道底板浇筑完成

图 4.1　渠系建筑物混凝土施工

后采用插入式振动棒振捣。施工原则：由深至浅、由下至上、由里至外、由基础至墙外，再至边坡浇筑。施工中随时检查模板是否移位跑模，以便及时处理，待浇筑后 24h 进行养护。

5）浆砌石施工。首先进行边坡基础处理，在边坡进行挖沟，开槽，慢慢用水渗侵分层压实，待干容重检测合格后进行垫层铺设，平整垫层，进行浆砌石砌筑。砌筑方法：基底铺浆，筛选卵石，垂直边坡呈梅花形砌筑，大头朝下。砌筑由下至上，平行施工，要求横平、竖直。砌筑完成后在初凝前进行抹面，以防有冷缝、脱层的现象。裹头圆弧浆砌石按技术员测放的圆弧线规则砌筑，以防水流冲刷损坏边坡，砌筑 24h 后进行养护。进水闸浆砌石扭面见图 4.2。

（6）测流桥施工。

1）钢结构制作。测流桥为井柱钢架结构。施工时先复合钢筋数量，按设计要求制作，焊接，搭接，均要符合设计要求。数量、品种、钢筋直径、钢板厚度、几何尺寸及形状等达设计要求，经监理工程师验收合格后方能使用。

由于测流桥跨度较大，采用先制作桥架，后连接的工序。桥架制作时加强板必须无漏损，要求牢固焊接，经自检合格后，报监理工程师验收，合格后方可上架。

2）造孔。由于渠道地下水位较高，水量较大，基础接桩时，边桩排水采用木桩、芦

图 4.2　进水闸浆砌石扭面

苇、塑膜作围堰，用潜水泵排水，装载机推土作护堤，中井桩用挖掘机转土作围堰，由专业打井队采用机械造孔，造孔成功后由监理工程师现场验收，合格后进行混凝土灌桩。浇筑一次成功，其深度为设计水位之下，采用模板进行接桩，做好上下混凝土连接层，再进行台帽施工。采用挖掘机起吊桁架，进行桁架金属结构制安。最后进行桥面板及栏杆焊接，检验工程质量是否有漏焊、脱焊等现象。待自检合格后报监理工程师检验，合格后进行刷漆保护，以防钢结构受到腐蚀。

（7）道路维修施工。第一标段是苏库恰克水库西库外渠三个标段之首，各种机械材料进场道路是保证工程进度和质量的关键。由于苏库恰克水库西库外渠第一标段地势复杂化，有木桥、过水涵管、砂丘、碱坑等特殊地段，因此，对三条进场路面进行换土处理，对木桥进行加固，村庄部分路面进行了修整。采用圆木加工制作木桥主梁，更换横梁、桥面，加设立柱。在过水涵洞处，采用优质 $\phi 80$ 涵管经过埋设、加固，铺盖芦苇、戈壁等措施保证了涵管过水及通车要求。对沼泽、碱坑地段采用外借转运含泥量相对较好的土质作基础铺垫后，用装载机碾压，320 推土机推土加宽路面。对于沿线混凝土桥面，通过铺垫40cm 泥土的措施以保证桥面无损失。对于长距离沙带路面，采取路面洒水，配备人工养路措施，从而确保了三个标段材料、油料、机械等正常进入施工现场。

（8）渠道加固及维修。

1）木桩树梢护坡。渠道全线土质大部分为粉细砂，垮塌严重，为了使渠道正常通水、道路正常通行，将沿马道的一岸边坡用木桩树梢稳定。采用 2m 长木桩，定桩间距 1m，将树梢稳定靠在木桩上，树梢厚 0.5m，再将垮塌的部分填土压实，按照土方回填要求进行填筑。

2）马道砂砾石铺设。该标段渠堤大部分为沙丘地段，车辆通行不便，将沙丘较严重的地段铺垫砂砾石，厚 0.2m，宽 4m，在施工过程中，先将地面平整，洒水碾压，然后进行铺设。

3）边坡干砌石砌筑。砌筑方法：清理边坡，铺设砂砾石垫层，选石，砌筑。砌筑要求：三角缝，六面靠，大头向下，垂直坡面砌筑，挤紧靠实。

（9）质量管理。

1）质量保证体系。土渠开挖、湾道放线由技术人员跟班作业。材料进场由质检人员具体负责。材料人员负责一切物资必须应在开工之前进场。试验组负责试验，要求真实记录试验数据。安全组长每天上工前对所有员工进行半小时安全教育。后勤组保证前方工作人员准时就餐。机械组保证机械出勤率高，随时检修，避免在上班时出现机械故障。木工组保证浇筑时间，普工队及时完成自己当班当次的浇筑任务。以上各班组各工种都相互联系，各班组交接必须上清下接，有问题向主要负责人反映，整个工程质量管理为一个相互联系的完整体系。

2）原材料管理。对进场的原材料必须保证资料三证齐全，由质检人员进行验证，产品合格证、出厂检验报告齐全，材料才能进场。由材料人员登记、注册、统计进场时间、数量及规格，同时对进场材料进行试验，对骨料进行筛分试验，水泥作安定性和稳定性试验，钢筋作抗拉、抗弯试验，合格后才能使用，否则将该批材料退回。

3）工程质量控制。在施工过程中，严格遵守施工规范和规程，严格按设计图纸施工。各工序开工前，认真进行施工技术交底，以书面形式使每个施工人员明白设计意图及该工序的施工规范要求，杜绝不知设计要求和质量要求，不明规范要求盲目施工的做法。对于忽视质量，违反操作规程的施工人员，项目部根据情况一律进行罚款。

每道工序必须层层报验，合格后，方可进行下一道工序的施工。由工组自检，施工队复检（简称"三检"制度），再报质检部终检，严格执行"三检"制度，按规范严格验收检查。对隐蔽工程和重点部位作好记录，并注明施工时间。分部工程完工后，申报验收，对验收中存在的质量问题及缺陷，立即纠正处理，处理完后重新申报验收。

### 4.1.2 U形板渠道工程施工

（1）工程概况。阿克苏河灌区阿克苏市多浪依干其水源地配套的输水渠道工程，设计长度为 19.4km，设计引水流量 0.3～0.8m³/s。C20 混凝土、抗渗等级 W4，抗冻等级 F100，钢筋 I 级钢，设计抗拉强度 2400kg/cm²，渠道配套建筑物 80 座，控制灌溉面积 4.66 万亩（见图 4.3）。

图 4.3　依干其水源地输水渠道

（2）施工总布置。临时水泥库在集中拌和站附近修建、塑膜、U形板等材料沿线堆放保管，钢筋加工厂设置在建筑物附近。场外道路由业主提供，场内道路由施工单位自行修筑，拌和站设置 10 处，均设置在每条支斗渠的中部或根据现场情况选取合适的位置，拌和站供电采用 30(50)kW 发电机两台，生活用水从压井抽取，渠道施工用水，采用 7kW 离心泵从老渠中抽取，至蓄水池，沿线蓄水池间距 200m 布置，主要提供现场施工及养护用水。

（3）土方填筑的施工方法。

1）因受征地范围的限制，且设计横断面较小，土方填筑均采用满填后开槽的施工方法，土方干容重的保证措施采用 18t 振动羊足碾分层碾压，土方干容重的检测措施采用环刀检测法，抽检密度为 100m 一处。

2）渠道的分段泡水施工措施。开挖与填筑完成后，在渠道两端用沙袋筑坝，采用明渠引水，满灌浸泡 15d 左右，然后采用水泵抽干，进行人工削坡，分段泡水施工措施达到了预先沉降的目的，提高了基础的承载力和稳定性，防止了 U 形板衬砌完成后出现的不均匀沉降。渠道分段泡水施工措施见图 4.4。

图 4.4　渠道分段泡水施工措施

3）土方填筑试验段碾压工艺试验。为了保证土方工程的碾压填筑密实度，在团结一支一斗渠 0+200～0+500 段进行了填筑碾压现场实验，由监理、业主、施工单位三方共同参加，经共同检测，最终试验结果确定松铺厚度为 30～50cm，碾压次数为 6 遍，最佳含水率采用值为 15%～17%，设计干密度值 1.62g/cm³。通过碾压工艺实验为土方填筑施工提供了现场参数。

（4）预制混凝土 U 形板衬砌施工方法。

1）U 形板预制方法和质量保证措施。控制预制场地的平整度是保证成品 U 形板初凝前发生变形的主要方法。生产设备采用 LZY 挤压混凝土成型机，施工过程经常性检测模具尺寸，及合理调整震动频率是保证 U 形板外观质量的主要措施。混凝土在拌和过程中严格控制水灰比和砂率，严格控制细骨料粒径是保证 U 形板预制成品率的主要措施。成型预制板按批次定期养护是保证混凝土强度的主要措施。

2）混凝土 U 形板铺砌方法。当上道工序检测合格后即可进行混凝土 U 形板铺砌，铺砌前先从整桩号往两侧量分每个沉降缝，避免每段铺砌结束后出现模数不对，渠堤上下控制桩采用经纬仪和水准仪进行控制，挂线时先挂每段上下及两侧线，两端先安装标准块，校核准确后即可依据两端标准挂线铺砌，每块板铺砌前预先试调灰缝，控制灰缝可采用 2.5cm×2.5cm 木块卡缝。铺砌板前先均匀用灰刀在现浇底座上摊铺砂浆，安装预制板时先调整灰缝，然后依据两端的挂线标准，外部先用砂砾石部分回填固定板，防止板向外侧位移，两侧板同步砌筑完毕后，安装预先制作的同等截面的钢筋支架，支撑在 U 形板内侧，然后均匀回填外部砂砾石，用水浸泡 2d 后，用插入式振捣器振捣密实，再用木榔头轻敲，挂线调整两边平直度，确定无误差后，随即清扫灰缝，充分洒水湿润后进行勾缝。每段预制板铺砌完成后，随即进行伸缩缝聚氨酯砂浆灌缝，并定期进行养护。

（5）防冻体铺筑方法。铺筑前先对基面进行检查验收。铺筑采用自下而上的方法，回填料的运输机械为自卸汽车，采用进占倒退法摊铺，夯实采用插入式振捣器振动夯实，装卸和铺筑过程中严格控制杂料、草根、淤泥、腐质物及黏土块的混入，砂料铺填必须均匀，堆卸高度不能过大，在铺填的砂料层上部，必须保持平散料厚薄均匀，以保证夯实质量，平整时，每次夯填的料层厚度不大于 0.3m。密实后的干容重不小于 2.11g/cm³，每一填筑层按规定的施工压实参数进行碾压夯实后，经监理工程师检查验收，检验合格的填筑层如未连续施工，复工前表面要进行刨面、洒水处理，并经监理工程师检查验收达到合格，方准施工，以保证层间结合紧密。

（6）现场施工质量的控制措施。

1）施工测量的控制措施。交桩完毕后及时进行水准控制桩加密，加密桩 200m 一处，采取相应的保护措施并做出明显标记，全部加密桩必须进行闭合水准测量，满足测量规范要求后作为日后施工过程中的测量成果，控制整个施工项目的高程系统。

2）土方干容重的控制措施。根据不同施工区域的土质情况，现场随机取样，测定土壤的含水率，确定最佳含水率，根据现场碾压工艺试验确定的碾压参数严格控制现场设备的碾压次数，并根据抽检密度采用 100 号环刀随机取样，用酒精干烧法及时测定土壤干密度。

3）U 形板预制质量的控制措施。定期检查预制场地的平整度，模具的结构尺寸，混凝土拌和物的水灰比、砂率，及时抽检每批次成品板的外观质量，养护情况，随机抽检并制作混凝土强度检测试块。

4）防冻体铺设干容重的控制措施。防冻体铺设完毕后是否灌水浸泡，采用灌水法或标准砂法检测填筑干容重，达到设计要求后方可进行下道工序施工。

5）U 形板安装的控制措施。检查安装 U 形板前控制的高程轴线是否满足设计要求，然后抽检 U 形板外观质量和结构尺寸，检测衬砌渠道的灰缝宽度，勾缝砂浆的密实度、光洁度，渠道开口的平直度，及渠道断面尺寸是否满足设计要求。

# 4.2 高新技术措施节水工程施工

## 4.2.1 滴灌工程施工

以源流阿克苏河灌区温宿县园艺场滴灌示范工程为例叙述滴灌工程的首部及管道安装等施工方法。园艺场滴灌大棚见图 4.5。

（1）工程概况。温宿县园艺场滴灌示范工程通过源流阿克苏河经输水干渠引水灌溉，由于渠水泥沙含量大（4.05g/L），滴灌首部采用沉沙蓄水池和三级过滤系统进行泥沙处理。根据项目区呈长条形，南北坡降大（10‰）的特点，系统首部布置于项目区北部地势较高处，以有效地利用地形落差。

采用集中供水，系统管网共分总干管、主干管、干管、支管、辅助支管以及毛管六级，其中支管以上全部采用UPVC管，压力等级为 0.60MPa；辅助

图 4.5　园艺场滴灌大棚

支管采用 PE 管，压力等级 0.40MPa。工程地埋管网总长 16850m，PE 管总长 14839m，滴灌管总长 621874m。

1）系统设计参数见表 4.2。

表 4.2　　　　　　　　　　　　系 统 设 计 参 数 表

| 项　目 | | 单　位 | 数　值 |
|---|---|---|---|
| 灌溉面积 | | 亩 | 2645 |
| 种植作物 | | | 果树、葡萄等 |
| 土壤容重 $\gamma$ | | g/cm³ | 1.50 |
| 计划湿润深度 $h$ | | cm | 果树1.0，葡萄0.8 |
| 设计土壤湿润比 $p$ | | % | 果树38，葡萄48 |
| 田间持水量 | | % | 24 |
| 适宜土壤 | 上限 $\beta_1$ | % | 90 |
| 含水量 | 下限 $\beta_2$ | % | 70 |
| 灌溉水利用系数 $\eta$ | | % | 0.95 |
| 设计灌水定额 $m$ | | mm | 果树27.07，葡萄27.35 |
| | | m³/亩 | 果树18.05，葡萄18.24 |
| 日耗水量 $E_a$ | | mm/d | 果树5，葡萄5.9 |
| 灌水周期 $T$ | | d | 果树5，葡萄4 |

| 项　目 | | 单位 | 数　值 |
|---|---|---|---|
| 滴灌管 | 铺设间距 $S_e$ | m | 2.5 |
| | 出水孔间距 $S_c$ | m | 0.6 |
| | 单孔流量 $q$ | L/h | 4 |
| 1 次灌水延续时间 $t$ | | h | 10 |
| 1 天灌溉次数 | | 次 | 2 |
| 最大轮灌组数 | | 组 | 17 |
| 系统每天工作时间 | | h | 20 |

2）首部系统设计。根据滴灌系统的设计流量、扬程以及水泵参数选配水泵。温宿县园艺场滴灌示范工程系统设计总流量为 684.56m³/h，设计扬程为 41.07m，共选配 3 台卧式离心泵，型号为 IS150 - 125 - 400，额定出水量 240m³/h，扬程 44m，配套电机功率 45kW。首部离心过滤器型号为 LX - 150A，共 5 套，沙石过滤器和筛网式过滤器型号为 S200 - W200A，共 3 套。压差式施肥罐 1 个，容量为 300L。首部设 JJ1B - 45 型启动箱 3 台，S9 - 200/10 型变压器 1 台。根据系统需要，首部配备有逆止阀、排气阀、球阀、法兰、压力表以及水表等。

3）系统管网工程设计。主干管采用"JI"字形布置，管网共分为六级：总干管、主干管、干管、支管、辅助支管以及毛管。

根据项目区地形地势条件，系统首部布置于项目北边界东侧地势较高处，总干管南北向铺设，长 7m，总干管向南分设一主干管、二主干管两条，其中一主干管长 3112m，二主干管长 3160m。干管垂直于主干管东西向双向布置，延伸到地块中去，支管垂直于干管南北向双向布置。支管以上级别管网均采用 D110 - 315 型 UPVC 管，压力等级为 0.60MPa。

系统辅助支管采用 D63 - 75 型 PE 管，辅助支管接毛管。系统毛管采用滴灌管，垂直于辅助支管双向布置，每行果树双行布置毛管，每根辅助支管上安装 24～36 根毛管，毛管长度 63～86m。项目区共安装地埋管 16850m，辅助支管 14839m，毛管 621874m。

（2）管槽施工。

1）管槽开挖施工。按施工放样轴线和槽底设计高程开挖，使槽底坡度均匀，确保管道排空无积水，地埋管管槽设计开挖深 1.0m，分干管设计开挖深 0.4m。人工清除槽底部石块杂物，并一次整平。管槽经过卵石等硬基础处，槽底超挖不应小于 10cm。清除砾石后用细土回填夯实。开挖土料堆置管槽一侧；固定墩坑、阀门井开挖与管槽开挖同时进行。

2）管槽回填施工。干管及管件安装过程中在管段无接缝处先覆土固定，待安装完毕，经冲洗试压，全面检查合格后回填。回填前清除槽内杂物，排净积水，在管壁四周 20cm 内的覆土不应有直径大于 2.5cm 的砾石和直径大于 5cm 的土块，回填高于原地面以上 10cm，并分层轻夯或踩实，每层厚 20cm。回填必须在管道两侧同时进行，严禁单侧回填。

（3）管道安装。

1）干管安装。首先对塑料管规格和尺寸进行复查，管内保持清洁。承插管安装轴线对直重合，承插深度为管外径的 1～1.5 倍，黏合剂应与管材匹配。插头与承插口均涂抹黏合剂后，适时承插，并转动管端使黏合剂填满空隙，黏结后 24d 内不应移动管道。塑料管套接时，其套管与密封胶圈规格应匹配，密封圈装入套管槽内不应扭曲和卷边。插头外缘加工成斜口，并涂润滑剂，正对密封胶圈；另一端用木锤轻轻打入套管内至规定深度。

2）支管安装。厚壁支管铺设时不宜过紧，铺设 1～2d 后使其呈自由弯曲状态，然后测量打孔尺寸及位置，用旁通时，在副管上打孔应垂直于地面。

3）安装旁通。首先按设计要求，在支管上标定出孔位。在蓄电池电钻安装专用钻头在支管上按设计要求标定的位置上打孔。在支管孔眼上装上止水胶圈。将引管与旁同连接。将连接好旁通的毛管用力插入止水橡胶孔中。毛管的另一端装上特制毛管活接头。

4）毛管的铺设安装。毛管铺设沿果树行铺设，不要太紧，留有一定的富余便于自由伸缩，同时，也不能太松，造成不必要的浪费。在铺设过程中的断头处，及时用直通连接，防止沙子和其他杂物进入毛管。在铺设毛管的过程中应该铺设均匀，主要是指毛管两侧的铺设长度，尽可能的对等，长度尽量相等。

（4）首部枢纽设备安装。设备安装前，安装前工作人员全面了解各种设备性能，熟练掌握施工安装技术的要求和方法。准备好安装用的各种工具和测试仪表：如紧绳器、打孔器、PVC胶、双扩口、压力表、扳手、管钳、手钳等。确定与设备安装有关的土建工程已经验收合格，并按设计文件要求，全面核对设备规格、型号、数量和质量，严禁使用不合格产品。滴灌首部系统见图 4.6。

1）抽水加压设备安装。电机与水泵安装按产品说明书进行。电机外壳接地，接线方式符合电机安装规定，并通电检查和试运行。机泵用螺栓固定在混凝土基座或专用架上。

2）过滤器安装。过滤器按产品说明书所提供的安装图进行安装，并注意按输水流向标记安装。

3）施肥和施农药设备安装。施肥和施农药装置安装在过滤器前面。施肥和施农药装置的进、出水管与灌溉管道连接应牢固，如使用软管，应严禁扭曲打折。

图 4.6　滴灌首部系统

4）计量仪表和保护设备安装。安装前清除封口和接头处的油污和杂物，压力表接在环形连接管上。按设计要求和流向标记水平安装水表。按要求安装逆止阀、进排气阀，保证其正常工作。

5）阀门、管件安装。法兰中心线与管件轴线重合，紧固螺栓齐全，能自由穿入孔内，止水垫不得阻挡过水断面。干管、支管上安装阀门时，确保连接牢固不漏水。铝三通螺纹上缠绕塑膜，密封止水。管件及连接处不得有污物、油迹和毛刺。不应使用老化和直径不合规格的管件。

（5）塑膜铺设。沉沙池和抽水池塑膜铺设中，首先对基坑内杂物、碎石等进行清理和平整。在铺设前根据沉沙池和抽水池的尺寸计算后进行塑膜裁减，铺设气温较低时，裁减比实际尺寸大 2% 左右，铺设完成后，就不会发生浪费现象。在铺设前基坑表面洒水湿润，保证塑膜与基坑表面的紧密贴合。塑膜焊接前以将塑膜铺平，严格控制了接缝口尺寸，同时将接缝口擦干净，塑膜采用电焊机焊接，并专人时实检查质量，发现漏洞即使粘补。塑膜的端头按设计要求开挖沟槽，将塑膜压入后以全部回填夯实。

（6）施工暂停时的保护措施。施工暂停时，机泵、阀门等设备宜放在室内，在室外存放必须放置于高处，严禁曝晒、雨淋和积水浸泡。存放在室外的塑料管及管件应加盖防护，正在施工安装的管道敞开端临时封闭。切断施工电源，妥善保管安装工具。

## 4.2.2 低压管道灌溉工程

以源流叶尔羌河灌区莎车县 1.4 万亩低压管道灌溉工程为例叙述低压管道灌溉工程的施工方法。

（1）工程概况。莎车县 1.4 万亩低压管道灌溉工程利用灌区内现有机井为水源，通过潜水电泵将水送入灌溉管网，根据条田分布状况及当地经验单井灌溉系统控制面积 360～800 亩。田间地埋管道采用 PVC 管、地面灌溉通过输水垄沟进行沟灌、畦灌。

根据地形和田块条件，支管间距 80～100m，给水栓间距 40～60m，单向分水。系统安全保护装置设计在首部设置止回阀，在地埋管道最高处设置自动进排气阀，在低处及支管末端设置放空阀及渗水井。低压管道灌溉系统出水口见图 4.7。

图 4.7　低压管道灌溉系统出水口

（2）施工流程。低压管道灌溉工程施工程序为：测量放线定位→机械进入位置开槽→管槽开挖→测量沟底（或沟顶）高程→沟底土方修整→管道、管件安装→管道试水→沟槽回填→构件安装→机电设备安装→收尾验收。

（3）管槽开挖。施工现场设置测量控制网点。在管道中心线上每隔 30～50m 打一木桩，并在管线的转折点、出水口、闸阀等处或地形变化较大的地方加桩，桩上标开挖深度。

管槽开挖按下列要求进行：根据当地土质、管材、地下水位、冻土层深度及施工方法等确定断面开挖形式。根据管材规格、施工机具操作要求确定管槽底宽0.5m，上口宽0.6m。根据管道宜在冻土层下工作，确定管槽设计深度为1.2m。槽底挖成弧形管床，管床对薄壁PVC的包角不小于120°。管槽弃土对方在管槽一侧0.3m以外处。槽底平直、密实，并清除块石与杂物，排除积水。如超挖则回填夯实至设计高程，管槽开挖完毕经检查合格后方可敷设管道。

（4）管道系统安装。管沟机械开挖完成后，由人工全面进行清理修整，当一个管网清理完毕后，由施工技术员进行初检，并做好实测记录，满足要求后由项目经理进行复检合格后上报监理工程师，并提交实测数据及原始资料。由监理工程师进行现场检查和抽检。对不合格部分进行修整，满足要求后进入敷设阶段。

1）施工准备。充分做好施工前施工方案、施工计划等的准备工作。严格按照设计图纸施工，在管道安装前，管槽按要求进行严格验收，对不合格者，进行再处理后再验收，直至合格。对到货原材料（管材、管件）严格把关，确保质量。定期对管材、管件进行检查，不合格者坚决不使用。施工前做好材料、设备的准备工作，减少发生安装中断的可能性。

2）管道安装。管道安装前，对管材管件进行外观检查，清除管内杂物。管道安装，宜先干管后支管。承插口管材，插口在上游，承口在下游，依次施工。管道中心线平直，管底与槽底粘合良好。

3）PVC管按连接。热扩口承插，插口处搓成坡口，承口内壁和插口外壁均涂黏结剂，其搭接长度大于1倍外径。带有承插口的PVC管按厂家要求连接。PVC管连接后，除接头外均覆盖20～30cm的土。

（5）给水栓安装。给水栓要最后安装，安装高度要高出浇水点20cm左右，PVC管直接套在给水栓进水管的内壁，由于给水栓的材料为玻璃钢，竖管为PVC，在安装时需要在竖管外壁给水栓内壁涂刷PVC胶，使之连接牢固。

（6）消能池安装。将需要安装的混凝土消能池扩口在上，安装时两人抬起从竖管上部垂直向下放下，放在砂砾石垫层基础上，一定要垫平，四周的间隙要一样。然后再消能池的底部填上一层厚10cm的混凝土，使消能池与基础结合成整体，其后间隙中间填上粗沙和戈壁。

（7）建筑物施工。设渗水井的目的，是要在冬季之前将管道中的水排出，以避免冬季管中有水结冰，将管道冻坏。渗水井位置的选定很重要，一般都设在管道系统的尾部。在管沟挖出后，最好能在系统尾部透水好的地方挖渗水井，深度要挖到管底1m以下。如果在系统尾部找不到合适的地方，可以在管道末端挖渗水井，深度最好在管沟以下2m左右。然后填入戈壁料，高度同排水管平齐。

（8）试水回填。管道系统和建筑物达到设计强度后方可试水。安装结束后，对每条管道进行水压试验。管道系统试水前做好下列准备工作。

1）安装好测压仪表。

2）认真检查被测管道系统：设备是否安全，进排气阀是否通畅，安全阀、给水栓启闭是否灵活。

3）认真检查被测管段覆土固定情况。

管道试水时，环境气温不低于5℃。试水压力为管道系统的设计压力，保持时间为1h，检查管道系统的渗漏情况，并做好标志。渗漏损失符合管道水利用系数要求，不允许有集中渗漏。试水不合格时采取补救措施，在修补后达到预期强度后重新试水，直至合格。

管道试水合格后方可进行回填。回填按设计要求和程序进行，有条件时采用水浸密实法，采取分层压实法时，回填密实度不低于最大夯实密实度的90%。初始回填在管道两侧同时进行，回填料不含直径大于25cm的块石和直径大于50cm的土块。回填达到管顶以上15cm后再进行最终回填。对管道系统的关键部位，如镇墩、竖管周围防冲池地基等的回填分层夯实，严格控制质量。

（9）机电设备安装。机电设备包括启动箱、水泵及首部其他设备。任何一项机电设备安装前均通知监理工程师，在获得监理工程师许可后方可进行安装。机电设备安装时，首先熟悉设备性能及注意事项。

# 4.3　地下水开发利用工程施工

以沙雅县塔里木河北岸灌区水源补充工程为例，阐述地下水开发利用工程施工方法。

## 4.3.1　工程概况

沙雅县塔里木河北岸灌区水源补充工程主要建设内容为新打机井34眼及其相关配套工程，年开采地下水1140万m³，该工程建设是为了解决塔里木河干流结然力克水库退出灌溉任务后，塔里木河北岸灌区1.5万亩耕地的灌溉需求。

### 4.3.2 凿井工程施工

（1）机井主要设计指标。项目区地下水类型为第四系孔隙潜水—弱承压水形式赋存，地下水埋深在1.6~8m之间。在钻孔揭露深度120m的地层岩性中，含水层多为中粗砂、细砂组成。项目区地下水补给条件较好，含水层渗透系数为10~20m/d，是开发利用地下水较好的地区。

机井的主要设计指标：设计机井终孔孔径φ750mm，井深120~140m，单井出水量80~125m³/h。机井水质符合农业灌溉用水标准，水中含沙量不得超过1/20000。机井井管垂直度小于1°。井壁管和滤水管均采用直径φ377mm焊接钢管，管壁厚6mm，孔隙率25%，滤水管缠丝间距0.75~1.0mm，滤料规格为1~3mm。井底沉淀物厚度，应小于井深的5‰。

（2）施工布置。施工作业以每台钻机为一个施工班组并进行"三班倒"作业。根据施工任务要求及凿井区域地质条件主要为砂土类地层，全部使用回转式钻机5台进行流水作业。

（3）主要施工方法。凿井施工程序为：钻机就位→钻机安装→钻进→终孔→井内电测→井管安装→填砾→洗井→水泵安装→抽水试验→通知监理进行现场检查验收→水样采取送检→验收结束后实施完成井场外观整修、回填泥浆坑及清场工作→钻机撤离井场。

1）井孔钻进。在钻机安放自检完毕报请监理工程师检查合格后方能开钻，钻进过程中采用泥浆护壁回转式钻进，泥浆槽长度控制在15m以上，宽度控制在5m以上。在钻进过程中，在井口冲洗液中捞取鉴别样，一般含水层2~3m采一个，非含水层3~5m采一个，变层处加采一个，同时做好地层编录工作。

凿井过程中，随时检查开孔、终孔钻头直径必须保证在750mm，由于沙雅县塔里木河北岸灌区水源补充工程区域地层主要为沙土类地层，回转式钻进容易形成孔径螺旋状，所以遇到沙土类地层时，要求提升钻具在该地层上下扫孔2~3次，放慢钻进速度，调整泥浆稠度，保证井壁圆滑无螺旋状孔井形成。

2）井孔电测。每眼井凿孔深度达到设计深度后，检查井孔孔径、孔深和测斜。安排电测，根据测井曲线，会同业主代表、监理分析地层水量、水质，确定滤水管的下管位置。

3）井管安装。井壁管采用φ377mm×6mm钢管，滤水管采用φ377mm×6mm穿孔、缠丝、垫筋滤水钢管，缠丝间距0.75~1.0mm各施工队运到现场的井管，经甲方代表、监理人员用卡尺、塞尺检测，井管壁厚、滤水管缠丝间距符合设计要求后方能允许使用。下井管时，为使井管保持在井孔中心并垂直，采用三角吊线法进行焊接，并派技术人员现场检查指导，接头处的焊接质量。井管扶正器采用扁钢60mm×6mm，20m放一组扶正器，每眼井至少4组扶正器。同时控制好扶正器与井管间的焊接质量。

4）滤料回填。本工程设计凿孔直径φ750mm，回填前，严格控制滤料规格、质量和数量；滤料回填时，井管悬吊垂直并保持环状间隙的均匀度，采用动水填砾，而且用人工缓慢回填滤料，并边填边测滤料上升高度，确保滤料回填质量及校核回填数量是否在预定范围之内。

5）洗井、抽水试验。采用活塞、抽筒、潜水电泵联合洗井。首先是缓慢拉活塞一定时间；洗井不少于 6 个台班。钻杆下至井管底部，冲洗管内沉淀；最后是安装水泵进行抽水。经试抽水观察洗井效果是否良好，水清沙净，流量大，降深小。否则，重新进行洗井。在做抽水试验半小时后现场进行含沙量的测定，试验抽水终止前取水样，送实验室进行水质分析。抽水水位稳定延续时间大于 8h，并做好记录。

6）水样采取。在抽水试验结束前采取 1 组简分析水样送检。

### 4.3.3 输变电工程施工

以阿克苏河灌区温宿县阿库木水源地输变电工程为例介绍输变电工程的施工方法。

（1）工程概况。温宿县阿库木水源地工程主要包括新建 10kV 输电线 79.65km，10kV 旧线路改建 21.14km，安装 10kV 配电变压器 144 台，配电变压器低压侧至井房的低压线路 8.1km，安装高压计量箱 88 台。输变电线路安装施工时，定会通过农田、渠道、乡道、田埂、障碍，按照电网安全运行管理制度的要求，必须进行办理工作票和操作票以及相关的停送电手续。手续复杂、任务重，为本工程的主要特点。

1）接入电力系统方式。根据温宿供电公司开成的 10kV 电网分布，机井可以利用已有的 10kV 线路就近新建或改建 10kV 线路按 10/0.4kV 变压器一级变压接入电力系统。

2）变压器。144 眼机井水泵采用 350QJ200-36 型水泵（电机功率为 30kW）70 台；采用 250QJ140-30 型水泵（电机功率 18.5kW）74 台。为使工程技术上可行，经济上合理，工程采用一变一井组合方案。变压器采用 $S_9-M-50/10$ 型 70 台和 $S_9-M-30/10$ 型 74 台。10kV 变压器安装见图 4.8。

图 4.8  10kV 变压器安装

3）输电线路。阿库木水源地工程新建和改建 10kV 线路总长约 100.79km，其中：新架线路 79.65km，改造旧线路 21.14km。导线分别选用 LGJ-50、LGJ-35 两种钢芯铝绞线，LGJ-50 线路总长度为 15.7km，LGJ-35 线路总长度为 84.22km（含旧线路改造15.2km）拉线选用 GJ-35。直线杆和特种杆均选用稍径 $\phi190×12m$ 的预应力钢筋混凝土电杆，施工时若跨越通信线、配电线路等障碍物可根据现场情况，选用 $\phi190×15m$ 型电杆。

直线杆选用针式绝缘子 P-15T 型，特种杆选用 X-4.5 盘形悬式绝缘子组装成串，各种金具均选用国家标准电力金具。

设计用气象条件 10 分钟平均最大风速为 25m/s，最高气温＋39.6℃，最低气温－27.4℃。复水厚度为 5mm，设计档距为 60m。

LGJ-50 型导线设计安全系数为 3.5，LGJ-35 型导线设计安全系数为 3，拉线的安全系数选用 2.5。每根混凝土电杆均设置底盘和卡盘，底盘选用 DP6，卡盘选用 KP8，凡打拉线的杆子不装卡盘，其余杆子在埋深 1/3 处设置卡盘。拉线盘选用 LP6。所有电杆埋深 2.0m，拉线对地角度为 45°。

由于 10kV 配电线路较长，尾输容量偏大，因此采用经济电流密度选择导线截面，按发热和电压损耗校验，导线截面选用 LGJ-50。

工程额定电压为 10kV，绝缘配合，直线杆选用单只 P-15T 针式绝缘子，承力杆、耐张、终端等选用两片 XP-7 盘式绝缘子。导线金具和拉线金具均按国家标准选用。

（2）施工技术准备。

1）根据 ISO—9001 系列标准的规定，执行质量体系程序文件。

2）按照国家规程，统一规范，统一标准，统一施工方法，执行下列施工技术标准和规范：

①《10kV 及以下架空配电线路设计技术规程》（DL/T 5220—2005）。

②《10kV 及以下变电所设计规范》（GB 5003—94）。

③《农村低压电力技术规程》（DL/T 499—2001）。

④《水利水电工程施工组织设计规范》（SL 303—2004）。

⑤《建筑地基基础工程施工质量验收规范》（GB 50202—2002）。

⑥《水利水电工程施工测量规范》（DL/T 5173—2003）。

3）由项目经理编写《施工组织设计》、《施工作业指导书》，重要工序和特殊工序的技术措施和安全措施，相应的记录表格等施工技术资料，经施工安全管理部牵头组织，有关人员会审后实施。

4）施工技术培训。为提高职工技术素质，培养具有专业技术和经营管理经验的送变电施工队伍，保障现场施工技术人员的需要，在开工前，按照 ISO—9001 标准程序执行，做好施工技术培训工作。

（3）设备材料准备。在工程承包合同签订后，施工单位按照杆塔明细表和材料清单在开工前将材料备齐，并运到县城。确保工程按期开工。工程所用的材料质量都必须达到国家的有关标准规程规范、技术条件中规定的标准的设计要求，合同规定的相应等级的要求。设备材料的领取必须按规定的程序进行。所有材料必须有出厂合格证或材质证明书。设备材料应按计划采购、供应、运输，并且具有追溯性。

（4）通信设备。项目经理、副经理、施工队长、班长各配备手机、对讲机各1部。

（5）施工场地准备。由项目经理负责，组织有关人员成立准备工作小组，按国家法规、施工合同和设计技术要求办理施工临时占地，临建等事宜，以保证施工按计划进行。

（6）施工力量的配置。根据工程的特点和生产施工情况，组织30人的施工力量进入施工现场进行施工。工程施工中计划投入管理人员（含技术员）8人，技术工人10人。各工序人员力量配置见表4.3。

表4.3　　　　　　　　　　　　　　各工序人员力量配置表　　　　　　　　　　单位：人

| 复测分坑 | 基础施工 | 立杆 | 附件安装 | 放紧线 | 变台安装 | 装表接火 |
|---|---|---|---|---|---|---|
| 6 | 30 | 16 | 12 | 12 | 15 | 20 |

（7）施工工序总体安排。输变电线路工程施工工程序为：开工前的准备工作→复测分坑→基础施工→立杆→附件安装→架线安装→变台安装→自检消缺→交接验收阶段。

（8）主要工序施工技术要求。

1）10kV高压配电线路施工技术要求。

①设备质量。设备安装的坚固件，除地脚螺栓外，应采用镀锌制品。裸铝线不应有严重的腐蚀现象，钢绞线表面铡牢应良好，不应锈蚀。混凝土电杆应达到：表面光洁平整，内外壁厚度均匀不应有露筋和跑浆现象，杆身弯曲度不应超过杆长的2/1000。

②杆位。直线杆杆位，顺线方向位移不应超过设计档距的5%，垂直线路方向不超过50mm。转角杆杆位，位移不应超过5mm。直线杆不应使杆梢的位移大于半个杆梢，转角杆向外倾斜不应使杆梢的位移大于一个杆梢。

③拉线。拉线与电杆的夹角不宜大于45°，穿过公路时与公路中心垂直距离不应小于6m。拉线从导线之间穿过时，应装设拉线绝缘子，在断线的情况下，拉线绝缘距地面不应小于2.5m。

④导线。在同一截面内，损坏面积不得超过导线电部分截面的17%。压接后续管弯度，不应大于管长的2%。同一档距内，一根导线的接头不应多于1个。10kV线路每相过引线，引下线下邻的引线，引下线或导线之间的净距离不应小于300mm。

⑤交叉跨越。导线与建筑物的垂直距离，在最大驰变时不应小于3m。10kV导线与树木之间的净空间距在最大风速时不应小于3m。配电线路与弱电线路交叉时，对一级弱电线各交叉角度，不应小于45°，对于二级弱电线路交叉角度不应小于30°。10kV配电线路与公路、河流交叉时最小垂直距离在最大驰度时对公路不应小于7m。10kV配电线路与各种架空电力线路交叉跨越时的最小垂直距离在最大驰度时对1kV以下的空线路不应小于2m，10kV高线路也不应小于2m。

⑥其他。相位应正确，接地要良好。沿线的障碍物，应砍伐的树木等杂物，应清除干净。安装技术记录调试记录应齐全。已架设完成的10kV输电线路见图4.9。

2）0.4kV低压配电线路施工技术要求。

①低压线路必须接入井泵房内配电箱上，中间不应有接头。

②变压器距井泵房20m内（含20m），可直接用低压电缆引入井泵房配电箱内（软启动柜），中间不应有接头。变压器距井泵房20m以上，必须采用架空线路而后用低压电缆

图 4.9　10kV 输电线路

引入井泵房配电箱内（软启动柜），中间不应有接头。

3）变压器的安装技术要求。

①根据设计由 10kV 配电线路将电源输送到每个井位，实行一井配 1 台变压器，降压 380V，作为水泵抽水电源。

②将经变压至 380V 的低压电输入设置在井房的低压配电盘，通过低压配电作为水泵电源，低压配电盘的安装按有关规定执行。

③井网电源必须设立总服务台电安全装置，避雷装置。

④低压电器根据设计要求配备。

（9）特殊工序施工方法

1）电力变压器安装。

工艺流程：设备点件检查→变压器二次搬运→变压器稳装→附件安装→变压器吊芯检查及交接试验→送电前检查→送电运行验收。

设备点件检查由安装单位、供货单位，会同建设单位代表共同进行，并作好记录，规格应符合设计要求，是否有无丢失及损坏，技术文件应齐全，变压器搬运过程中不应冲击或严重振动，倾斜不应超过 15°。

变压器本体安装位置准确，注油量、油号准确、油位清晰正常，油箱无渗油现象，防震牢固可靠，器身表面干净清洁。变压器与线路连接应连接紧密，连接螺栓锁紧装置齐全，瓷套管不受外力。零线沿器身向下接至接地装置的线路，固定牢靠。

跌落式熔断器的安装，应符合下列规定，各部分零件完整，轴光滑灵活，铸件不应有裂纹砂眼、锈蚀、瓷件良好，熔丝管不应有吸潮膨胀或弯曲现象，熔断器安装牢固排列整齐熔管轴线与地面垂线夹角的 15°～30°熔断器水平相间距离不小于 500 mm，操作时灵活可靠，接触紧密，合熔丝管时上头应有一定的压缩行程。上、下引线与线路导线的连接紧密可靠，杆上断路器和负荷开头的安装应符合下列规定水平倾斜不大于托架长度的 1/100 引线连接紧密，当采用绑扎连接时长度不小于 150mm，外干净，不应有漏油现象，气压不低于规定值、操作灵活分合位置指示正确可靠，外壳接地电阻值符合规定。

杆上隔离开头安装，瓷件良好，操作机构动作灵活，隔离刀刃合闸时接触紧密，分闸后应有不小于 200mm 的空气间隙与引线的连接紧密可靠，水平安装的隔离刀刃分闸时宜使用权静触头带电，三相连动隔离开头的三相隔离刀刃应分合同期。

杆上避雷器安装前应检查安装安全装置的完整无损，避雷器应安装垂直、排气道貌岸然应通畅。避雷器与电气部分不应使用权避雷器产生外加应力瓷套与固定抱箍之间加垫层，引线短而直，连接紧密引下线接地可靠，接地电阻值符合规定。

2）电杆组立，安装前外观检查，表面不光洁平整壁厚均匀无漏筋，跑浆等现象，放置地平面检查应无纵向裂缝，横向裂缝的宽度不应超过 0.2mm，杆身弯曲不应超过杆长 2/1000。

电杆立好后，位置偏差应符合规定。终端杆立好后应向拉线侧预偏，其预偏值不应大于杆梢直径，紧线后不应向受侧倾斜。双杆立好后应正直，位置偏差应符合规定。直线杆结构中心与中心桩之间的横向位移，不应大于 50mm，逐步不应大于 30mm。

3）导线架设。导线在展放过程中，支已展放的导线应进行外观检查，不应发生磨伤、断股、扭曲金钩头等现象。导线架设后导线对地应符合设计要求。

4）接地装置。接地体埋置深度不应低于 0.8m，接地体连接采用搭接焊扁钢搭接长度应为其宽度的 2 倍。避雷器、变压器、接地线不得共用一个引线，接地网电阻 $R<4\Omega$，回填土不应夹有石块和建筑垃圾，回填上应分层夯实。

# 4.4 平原水库节水改造工程施工

近期综合治理的平原水库改造项目主要建设任务和内容有以下一些方面：解决水库安全问题，对安全超高不足坝段，冲刷严重坝段及渗透破坏坝段进行治理，增强坝体稳定性；减少水库渗透量，减少不必要的水量散失，提高水库利用率；改造水库进、放水闸及渠道，改善水库布局；改造水库建筑物，配备量测水监测设备及通信设备，提高水库运行管理水平；缩减库容，减少水库蒸渗损失。

大寨水库设计库容 1994.6 万 $m^3$，属中型水库，大坝为碾压式均质土坝，以此工程为例，叙述水库大坝改造工程的主要施工方法。改造后的大寨水库见图 4.10。

图 4.10　改造后的大寨水库水面风光

### 4.4.1 坝体工程设计

沙雅县大寨水库上游坝坡采用1：8土缓坡，下游坝坡仍采用1：3。对北坝6＋156～9＋012.1段，由于大坝在承担挡水任务的同时还需承担防洪任务，从坝体稳定及大坝安全考虑，设计上游坝坡1：15，下游坝坡为防止洪水冲刷采用1：5。

大坝为碾压式均质土坝，按照《碾压式土石坝设计规范》（SJ 274—2001）的规定，黏性土填筑坝体土方压实度标准为96％～98％。大坝高度较低，坝前土缓坡距离较长，从工程实际运行情况出发，结合工程安全、经济综合考虑，设计采用分区填筑的结构型式，即分为主坝题筑区和土缓坡填筑区，主坝填筑区压实度标准取97％，土缓坡填筑区压实度标准适当降低，取93％。各坝段分区情况如下：北坝6＋156～9＋012.1段，大坝承受双重任务，选定大坝上、下游1：5边坡以内为主填筑区，其余部分为土缓坡填筑区。水库其余坝段仅承担挡水任务，选定大坝上、下游1：3边坡以内为主填筑区，其余部分为土缓坡填筑区。

坝顶宽度采用5m。为改善工程完成后的运行管理条件，在坝顶填筑土方以上铺设5.0m宽的砂砾石路面。路面设计具体为：顶层为0.2m厚砂砾石，其下厚0.2m黏性土垫层，为防止砂砾石沉降，在黏性土垫层下铺设编织布一层，规格为120g/m³。沙雅县大寨水库节水改造工程平面布置见图4.11。

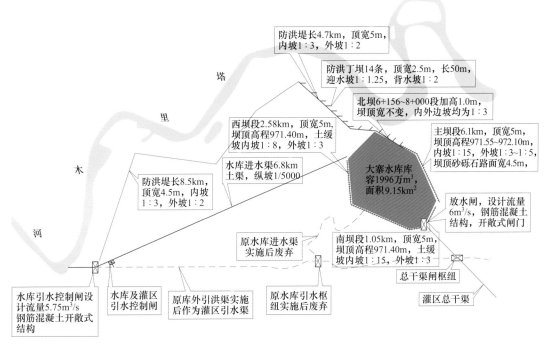

图4.11  沙雅县大寨水库节水改造工程平面布置图

### 4.4.2  主要施工方法

（1）现场踏勘及土料场调查。

1）库区及坝线地形地貌调查。经实际调查，整个坝线均分布生长较密集的红柳等植被，零星分布部分胡杨，北坝内侧 6＋156～9＋600 处分布，纵向深沟一处，积水深约 1.3m，9＋600 处坝外分布较大集水坑一个，其余坝线填筑区域分布大小水坑约 14 个，北坝沿线约 4km 地表集水，施工机构无法进场施工。

2）土料场。北坝主坝及土缓坡填方，料场选定在坝内坝外，距坡脚 100m 以外，500m 以内取土，满足填筑需求。经设计院地质所现场钻芯取样分析，北坝内可供筑坝用粘土，开采深度约为 0.5～0.7m，坝外土质为植被根系土壤，土质情况较好，经测定土壤含水率坝内为 25％～32％，坝外为 19％～21％。经烘干至最佳含水率时，做压实试验，能够满足设计指标。故北坝区域填筑土方要提前进行土料制备，否则将无法满足工期要求。

（2）坝基清理、料场清废及基础处理、土料制备。

1）清基。林业部门、业主、监理、施工单位清点坝基及料场范围内的树木和植被，确定红柳清除面积按坝体总占地填筑面积的 33％ 计算，料场红柳清除面积按坝体总填筑方量除以深度 1.2m 计算。取土过程中，尽量绕行，避免破坏胡杨等植被。此坝清废过程，因老坝基本破坏，故全部推平，做原地面处理。清废前先开挖了 9＋600 处（上游延伸至坝内 300m，下游 1200m，共计 1500m），排水渠并与北坝内侧纵向洪沟连通，将积水排至塔里木河较低洼处。清废完成后，分段处理坝内积水坑，采用 17～22kW 水泵 4 台，共用 203 个台班抽排 16 个集水坑积水，采用推土挤水的方法填筑至清废基面，最终将清废基面杂草、植被清捡干净，采用羊足碾静压，振动处理后，做隐蔽工程验收。

2）土料制备。北坝坝内土料制备，因坝内土质属河水淤积沉积土，塑性强，透水性差，含水率达 25％～32％，施工时气温较低，故采用五铧犁分层翻耕后，晒凉 5～7 天后可用于填筑，坝外土料场，清除红柳等植被后，可直接拉运上坝堆放晾晒，分段摊平，碾压。

（3）试验段土方填筑碾压、工艺试验。大坝 10＋700～11＋000 段做土方填筑碾压试验，参加试验单位为业主、设计、监理、施工单位四方共同检测，最终试验结果确定松铺厚度为 50cm，碾压次数为 8 遍，最佳含水率采用值为 14％～21％，设计干密度值 1.65g/cm³，相对密实 0.95。

（4）施工程序及控制工期，质量保证措施。

1）施工阶段的划分。根据本工程的施工特点，地理位置，结合机械施工定额及分项工程量的分析，施工过程分为三个阶段，第一阶段为施工准备期，主要尽快完成临时工程建设、施工排水、坝基处理、土料制备、清废及填筑工艺试验，为第二阶段创造条件。第二阶段为防洪控制阶段，主要考虑北坝 6＋156～9＋600 段防洪需要，先集中施工北坝，待北坝填筑土方达到抗洪标准后，再进行以上部分填筑和东、南坝的施工。第三阶段：收尾工作，包括土工布铺设、黏土封顶层施工，砂砾石路面铺设，内外坡外形修整，清理施工现场，回填、平整，恢复取土坑，及临时占地区域。

2）施工流水段的划分及各段施工情况。根据东、南、北坝各段的地段测量资料和特点，结合分析各分项工程量，坝体填筑工程划分为以下三个流水施工段，6＋156～9＋012 段（北坝），9＋012～12＋259（东坝），0＋000～3＋627（南坝），其中北坝工程量占总填方量的 56.67%，且离塔里木河较近，洪汛期北坝为漫滩淹没段，另外北坝施工范围地下水位较高，土料制备困难，必须在 65 天内完成此段工程，土方填筑日平均强度为 5292.15m³/d。因此总的流水施工顺序为先北坝后东坝，最后组织南坝施工。施工单位组织了 47 台铲运机、2 台压路机。

（5）土方填筑施工方法。

1）填筑土料开采时，优先选用壤土、砂质和粉质黏土，黏粒含量一般为 15%～30%，也可用黏粒含量为 3%～50% 的砂壤土、粉质砂壤土和黏土，淤泥和自然含水率较高且黏粒含量过多的黏土、粉细砂、水稳定性差的膨胀土、分散性土等，不适合做填筑土料。

2）填筑从作业面的最低处开始，按水平层次进行，不得顺坡填筑，铺填作业段按 100m 划分，分段作业面接缝处，必须层次清楚，防止产生层间错位、缺段、混杂现象。

3）填筑作业面必须均衡上升，以减少施工接缝。分段间有高差的连接或新老坝堤衔接时，垂直于堤轴线方向的接缝要以斜面相接，坡度可采用 1∶3～1∶5，高差过大时则采用缓坡。

4）土料填筑的松铺厚度：按 100m 为一作业试验段，分别采用 40cm、60cm、80cm。相应的碾压遍数则分别为 5 遍、7 遍、9 遍。这样做的目的是考虑日后可根据坝堤的最终填筑高度分别采用不同的填筑松铺厚度以进行选择。

5）铺土宽度要超出设计边线两侧一定余量，其数值定为 80cm，碾压结束后，人工或机械进行削坡。

6）压实的土体不允许出现松土、弹簧土、剪切破坏、光面等不良现象，监理工程师检查认为不合格时，必须返工处理，经检验合格后方可铺填新土。

7）每一填筑层按规定的施工压实参数进行碾压后，须经监理工程师检查验收，检验合格的填筑层如未连续施工，复工前表面要进行刨面、洒水处理，并经监理工程师检查验收达到合格，方准施工，以保证层间结合紧密。坝体土方填筑施工见图 4.12。

图 4.12　坝体土方填筑施工

（6）土方碾压施工方法。

1）填筑土料的碾压机械采用自行式振动碾，碾压方式可在进退错距法或圈转套压法之间进行选择，碾迹搭接宽度不小于30cm，碾压遍数分别为5遍、7遍、9遍。

2）碾压前，必须充分考虑作业面的含水率，过小则必须洒水湿润，过大则进行晾晒，必须使填筑土层保持在最佳含水率范围内才能进行碾压。

3）碾压机械的行走方向必须平行于堤轴线，不应垂直于轴线碾压。碾压时机械的行进速度要慢，作业面中已碾压和未碾压的各分层、分段之间由机械作业手自行设立标志，防止漏压。机械无法碾压的部位则辅以蛙式打夯机，采用连环套打法夯实，或采用双向套打压实，其夯迹搭接宽度不少于1/3夯径。

4）相邻作业面的碾压搭接宽度：平行于堤轴线方向的不少于0.5m。垂直于堤轴线方向的不少于3m。

5）碾压是土方填筑工程中重要的作业环节，在每一作业段分层碾压结束后，试验人员将取样检测土壤的压实指标，碾压机械作业人员必须在接到实验人员根据压实指标确定的碾压指令后方能进行压实作业，不应擅自增加或减少压实遍数。

（7）无纺布铺设的施工方法和技术措施。

1）编织布在运输过程和运抵工地后必须保存在不易受损和方便取用的地方，避免日晒。

2）无纺布的铺设采用纵向，铺设时应预留一定的宽松度，松出的尺寸在长度方向均不少于3%。

3）铺设前，首先清除基面所有的树根、杂草和坚硬杂物，同时洒水湿润铺设面，无纺布和基面之间必须压平贴紧，避免架空。

4）接缝的处理，采用叠压焊接。

5）现场土方填筑作业时，不许直接在无纺布上行驶各类机械，不准用带尖头的钢筋作撬动工具。

6）严禁在无纺布上打桩、打孔和一切能引起损坏的施工作业。如还有洞、孔等破损，则采用大于洞、孔面积 2 倍以上的无纺布粘贴覆盖进行修补。

7）铺设期间，若遭遇大风，必须在所有已铺设定型的无纺布上用沙袋或软性重物压住，直至面层土方施工完毕。

（8）砂砾石路面铺筑。

1）铺筑前要对基面进行检查验收。铺筑采用自下而上的方法，装卸和铺筑过程中要尽量避免杂料、草根、淤泥、腐质物及粘土块的混入，并按设计要求进行振动、压实，使其保持平整。

2）砂料铺填必须均匀，堆卸高度不能过大，施工时，回填料的运输机械为自卸汽车，采用进占倒退法摊铺。

3）在铺填的砂料层上部，必须保持平散料厚薄均匀，以保证压实质量，平整时，每次碾压的料层厚度不大于 0.2m。密实后的干容重不小于 2.1g/cm³。

4）每一填筑层按规定的施工压实参数进行碾压夯实后，须经监理工程师检查验收，检验合格的填筑层如未连续施工，复工前表面要进行刨面、洒水处理，并经监理工程师检查验收达到合格，方准施工，以保证层间结合紧密。

### 4.4.3 现场施工质量的控制措施

（1）主要工序质量控制。

1）土料优先选用壤土、砂质和砂质黏土，黏粒含量一般为 15%～30%，可用黏粒含量为 30%～50% 的砂壤土，粉质砂壤土和黏土，淤泥和自然含水率较高，且黏粒含量过多的黏土、粉细砂、水稳定性差的膨胀土，分散性土等，不允许做填筑土料。

2）土料的含水率应接近最优含水率（14%～21%），其各项物理力学指标应满足设计要求，不合格料严禁上坝。

3）当出现对土料含水率影响很大因素时，如：日照强度、刮大风、降雨，应按照监理工程师的指示，对含水量进行调整，以保持合适的含水量。

4）土料中不应含有盐碱块，杂物等影响坝体填筑质量的运行安全的物体。

5）进占法卸料，料堆应卸在未碾压平台的前沿 1.5m 以内，严禁直接倒在已碾压的平台上。

6）料场的间距根据铺料层的厚度确定，过密则增加推土机工作量，且难以推平，过稀又需二次补填。

7）自卸汽车卸料倒车时，必须有专人指挥，以保证料堆的合理位置。

8）层厚控制：在距填筑面前沿 4～6m 距离设置移动式标杆，推土机操作手应根据标杆控制填料厚度，避免超厚或过薄。

9）推土机平料时，刀片应从料堆一侧最低处开始推料，逐渐向另一侧移动，若从料堆最高处开始推，则推平困难。

10）严格按设计填筑规划执行，需分块填筑时，高差应严格控制，并符合技术参数要求。

11）由于料在运输过程中，可能会有水分散失，因此坝面上加设专人专职负责，严格控制加水时机（卸料、平料碾压时）和加水时间以及加水量，坝面上加水必须采用雾状洒水法。

12）压实体严禁出现松土、弹簧土、剪切破坏，光面等不良现场，若出现漏压或弹簧土等现象，应果断、及时处理直到满足要求为止。

13）铺填作业应从最低处开始，按水平层次进行，不应顺坡填筑，铺填作业段按100m进行划分，作业面应分层统一铺盖，统一碾压，严禁出现界沟。

14）每填一层土，按规定的参数施工完毕，并经监理检查合格后，方能继续铺筑上一层，在铺筑上层新土之前，应对压实层表面杂乱物或被碾子翻松的半压实土层进行处理，以免形成土层间结合不良的现象。

15）铺土面应尽量平整，以免造成过多的接缝，严格控制1∶15的坡面平顺坡度，以减少施工接缝，若由于施工需要进行分区填筑时，其横向接缝坡度应符合规范要求，若需离纵向接缝时，应在管理工程师指导下进行。

16）严格按照设计给定的相对密度（土料密实度为1.65g/cm³），作为填筑控制指标进行施工。

（2）试验、检测情况。在每一作业段每层碾压结束后，试验人员将取样检测土料的压实指标，机械作业人员必须在接到实验人员，根据压实指标确定的碾压指令后，方能进行压实作业，土料填筑的密实度采用环刀法取样，质量检测每层工作面自检按100m³取样一处，（抽检量可为自检量的1/3，但不应少于3处），进行干容重试验，干容重要求不可少于1.65g/cm³。土料密实度检测结果见表4.4。

表 4.4　　　　　　　　　　　　　土料密实度检测结果表

| 序号 | 分部工程名称 | 类别 | 检测点数 | 设计值/（g/cm³） | 实测值/（g/cm³） | 合格点数 | 合格率/% |
|---|---|---|---|---|---|---|---|
| 1 | 6＋156－7＋656 坝堤 | 土方填筑 | 578 | 1.65 | 1.54～1.78 | 535 | 92.6 |
| 2 | 7＋656－9＋012.1 坝堤 | 土方填筑 | 619 | 1.65 | 1.54～1.74 | 558 | 90.1 |
| 3 | 9＋012.1－11＋950 坝堤 | 土方填筑 | 915 | 1.65 | 1.59～1.76 | 883 | 96.5 |
| 4 | 11＋950－12＋259、0＋000－3＋627 坝堤 | 土方填筑 | 658 | 1.65 | 1.61～1.74 | 639 | 97.1 |

（3）砂砾料路面铺设质量控制措施。

1）选用的砂砾料要求颗粒坚韧，无风化石，砂砾料的最大粒径不大于8cm，有机质和腐质含量不大于2%，洒水量根据实际情况而确定。

2）黏土层铺设压实，检验合格后，即可进行不同砂石路面铺设。

3）铺设时从倒车台沿一头至另一头逆向倒退法卸料，卸料时应预先计算好每车的用量料，粒堆尽量沿一侧均匀堆放，空车从另一侧沿原路返回。

4) 铺料时，采用人工辅助推土机推平，洒水后，采用 16T 振动碾碾压 4～6 遍，压实干容重必须达到 1.9g/cm³，摊铺的路面平整度允许误差±3cm，厚度误差±2cm。

5) 实验、检测情况。砂砾料采用灌水法取样，为保证天然容重测定的准确性，试坑直径与最大粒径之比 $\delta/d_{max}=3/4$，质量检测要求每个单元取样六处。

# 4.5 生态建设工程施工

塔里木河下游水土保持与生态修复工程实施区位于塔里木河干流下游中下段，在整个流域地理位置上是从恰拉水库至塔里木河尾闾湖泊台特玛湖之间的区段。整个地区地势北高南低，起伏不大，整体海拔多在 800～900m 之间。沿河道两侧发育的荒漠河岸林植被是阻隔塔克拉玛干沙漠与库鲁克沙漠的天然屏障，被称为"绿色走廊"。区内土壤以灰漠土为主，土质多为沙土、粉砂质黏土和黏土，其中表层土壤以风成沙土为主。土壤整体呈碱性，表层土壤盐化明显，随着河流方向由上而下，土壤盐渍化程度因河流多年对盐分的溶解淋滤并携带累积作用而逐渐加剧；土壤中有机质含量较低，整体贫养。

## 4.5.1 工程实施区植被特征与生态系统现状

位于塔里木河两岸的荒漠河岸林，是中亚荒漠独特而脆弱易受威胁的一种河岸生态系统，它给区域内植物与动物保持高生物多样性提供了重要生境的同时，也为荒漠绿洲提供了天然的防沙屏障以及包括饲料、燃料和建筑木料等在内的多数生产力。在这个生态系统中发育有许多干旱区特有植被，其中由胡杨（*Populus euphratica*）为主要优势建群种组成的天然胡杨林是世界上分布面积最大的一个胡杨林分布区，分别占世界和中国胡杨分布面积的 54% 和 89%。除了胡杨外，区内的天然植被还有柽柳（*Tamarix* spp.）、铃铛刺（*Halimodendron halodendron*）、黑刺（*Cycium ruthernicum*）、白刺（*Nitraia sibrica*）、芦苇（*Phragmites communis*）、胀果甘草（*Glycyrrhiza inflata*）、花花柴（*Karelinia caspica*）、罗布麻（*Poacynum hendersonii*）和疏叶骆驼刺（*Alhagi sparsifolia*）等。其中胡杨、柽柳、芦苇、花花柴、甘草及骆驼刺为主要优势种。头状沙拐枣（*Calligonumcaput-medusae*）是近年在塔里木河下游生态恢复过程中引入的一种作为先锋框架物种的沙生灌木。

在近 50 年来人类活动（主要为中上游不合理的水土开发）扰动的压力下，塔里木河下游地表水文过程被很大地改变，造成下游荒漠河岸林生态系统严重退化，植物群落衰败，生物多样性下降。目前塔里木河下游的胡杨多分布在距离河道 500m 的范围内，呈不连续的带状、斑块状。整个种群主要由中老年的成熟林与过熟林组成，更新乏力，幼株少见。自英苏以下的下游中下区段，草本群落严重退化，胡杨林外侧多为单一而稀疏的柽柳灌木群落，尤其是依干布及麻以下的河流尾闾，荒漠化加剧（远离河道的胡杨林大面积死亡见图 4.13）。为恢复塔里木河下游的荒漠河岸林生态系统，工程设计实施包括生态围栏封育及灌木补植等措施的生态植被恢复工程，希望能够加速退化的生态系统的恢复重建。

工程建设内容包括：生态封育工程，萌蘖更新工程，英苏、依干不及麻、库尔干人工

图 4.13　远离河道的胡杨林大面积死亡

补植试验区建设，塔里木河下游水土保持管理和监测措施。

## 4.5.2　生态工程建设内容

工程建设内容包括：生态封育工程，萌蘖更新工程，英苏、依干不及麻、库尔干人工补植试验区建设，塔里木河下游水土保持管理和监测措施。

生态封育工程主要建设内容为围栏、瞭望塔和管理用房建设；塔里木河下游水土保持管理和监测措施主要为设立预防监督监测系统，对塔里木河下游地下水位、水质及生态环境进行监测，通过遥感监测和生态样地监测反映塔里木河下游水土保持生态修复的效果。

本书主要讨论的是植被恢复工程。萌蘖更新人工扶壮工程：萌蘖更新总面积 3.8 万亩，并在阿拉干两河口汇合附近的胡杨林疏林区选择约 135 亩的典型区，以"开沟断根"方式对胡杨林进行萌蘖更新试验；人工补植试验工程：在英苏、依干不及麻 2 个人工植苗试验区面积均为 225 亩，库尔干为人工非植苗试验区，面积为 300 亩。

## 4.5.3　萌蘖更新工程

在业主单位塔里木河流域管理局组织新疆生态、地理、环保、林学、水利等方面的专家现场勘察、讨论、实地测量和反复研究的基础上提出来将塔里木河下游的萌蘖更新工程变更为引水漫溢人工漂种技术、土壤种子库激活技术、整地、开沟、人工直播和人工林与天然林生态融合技术以及天然萌蘖更新与断根萌蘖更新技术相结合的退化生态系统综合恢复重建技术。面积为 3.37 万亩（不含人工补植试验区建设面积 750 亩）。主要原因有下列三个方面。

（1）原设计方案中生态修复区域的立地类型和生态条件不能适应和满足以"胡杨断根萌蘖技术"为核心的水土保持生态修复工程初步设计方案的要求。塔里木河下游断流的30年中，大部分地区的胡杨已处于垂死状态，并且，植物根系具有向水性特点，在此期间，胡杨的根系随着地下水位下降，根系向深层发展。调查研究表明，塔里木河下游大部分地区的胡杨树根质量密度在垂直方向上主要集中在80～100cm的土层中，约占总量的68.75%，根系埋深较大，生态条件无法采用断根萌蘖更新方法。在水平方向上，根长分布密集层在0～100cm范围内，从100～450cm距离内，呈下降趋势。随着立地表面日渐干旱，早期适应浅土层过湿而形成的明显的水平根系，从其某一适应部位形成追踪地下水位降低的垂向根系，从而维持其生存，最深可达10m以下。进行胡杨断根萌蘖更新，地下水位须在3m左右，且每年能灌水1～2次。若地下水位在3m以下，由于地表1m土层干燥，活根甚少，难以通过萌蘖更新实现生态恢复。在原设计方案中的阿拉干以下区域地下水位大多在10～12m以下，胡杨在长期干旱胁迫下，胡杨根系埋深大，同时近地表浅层水平根系活力很低，绝大部分胡杨水平根系已基本失去活力，断根后很难再萌蘖出新枝或萌蘖的新枝活力很低，无法实现萌蘖更新恢复生态的目的。

（2）原设计方案中生态修复区域的地形条件和水利施工条件不足，项目区河道下切较深，设计水位低于绝大部分区域地表高程，不具备大面积漫溢条件，也难以满足萌蘖更新技术的灌溉条件。原设计3.8万亩生态恢复工程的供水主要通过塔里木河输水期间的引河道水，根据实地勘测，经研读地形图结合实地测量后证实，阿拉干以下6个节制闸设计抬升水位均低于回水范围内绝大部分区域地表高程，难以实现大面积自然漫溢。这是由于塔里木河下游大地形平缓，坡降近1/10000，河床下切较深，河床与河岸附近平地地表高差相差4～6m，而节制闸设计壅高水位只有2.5～2.7m，仍低于绝大部分区域地表高程，虽然一些老河道沟汊可漫溢过水，但所形成的漫溢范围很小，且胡杨群落所在区域由于胡杨对土壤侵蚀的防护作用造成的差异风蚀，使得其群落所在地多处于相对地势较高的地带。难以依靠大面积自然漫溢实现萌蘖更新。变更后的生态修复工程多是选取地势处于相对低洼区域的生态环境退化严重风蚀荒地，减低了生态修复区域的地形和水利施工条件限制。

（3）自2000年向塔里木河下游生态输水以来，沿河两岸地区现存植被的生存条件得到了改善，但在一些风线和风口区的植被条件仍十分差，许多风蚀光板地寸草未长，更无胡杨分布，难以采用断根萌蘖技术进行生态修复。这些地区生态条件极为恶劣，风吹沙起，对218国道的危害日趋加重，是进行生态恢复最难、任务最艰巨的重点地区。因此，从切实改善和恢复塔里木河下游生态环境、确保218国道安全的现实出发，应该对这些风线、风口区、风蚀光板地等重点地域进行重点恢复治理。在生态恢复技术措施方面，应以塔里木河下游不同区段原生植物群落的物种构成为依据，根据不同区段的立地条件和现有适用技术，以提高植被覆盖度和沙化治理为目标，遵循"宜乔则乔、宜灌则灌、宜草则草、宜荒则荒"的原则，进行塔里木河下游退化生态系统的恢复重建，而胡杨不宜作为群落建群种的惟一恢复目标。塔里木河下游生态恢复见图4.14。

图 4.14　塔里木河下游阿拉干地区生态恢复

### 4.5.4　技术方案与工程措施

根据生态恢复的原理和塔里木河下游生态受损现状，采用多种综合措施进行生态修复。不同的地形、土壤、植被、地下水位状况等立地条件将采用不同的恢复措施。工程措施分两大类：人工补植措施和荒漠植物群落恢复措施，而荒漠植物群落恢复措施又可进一步细分为：引水漫灌、引水激活土壤种子库、人工漂种、直播、萌蘖更新和引水促进根萌六种主要措施。

（1）人工补植试验区工程建设措施。

1）物种的选择。塔里木河下游地区的气候属暖温带荒漠干旱气候，其主要特点是气候干旱、降水稀少年降水量平均仅为 20～50mm，多大风和风沙天气、夏季炎热年蒸发量（潜势）平均却达 2500～3000mm，而单从降水量看为极端干旱气候区。因此，在这样一个极端恶劣的环境中种植植被和进行生态恢复，一个关键问题在于选择合适的植物种和采取恰当的栽培技术。从造林的立地条件看，塔里木河下游地区除了光热资源有利外，其他条件都十分严酷，这里水分奇缺，地表含盐量高，尤其对于造林初的幼苗来讲，极为不利。因此，在选择植物种时，要特别注意选择耐盐、耐旱、耐高温、耐沙埋的植物种。生态林中灌木选用了柽柳、沙拐枣两类为主，并以适当的比例混交种植部分胡杨。其中，沙拐枣是外来物种，选用它的原因是：生长迅速、成林早、耐旱、耐沙埋，作为防风固沙美化环境的植物种，沙拐枣的种植在中国科学院新疆生态与地理研究所英苏示范区得以成功验证（2001 年种植）。英苏示范区种植的沙拐枣当年成活率达到 80％以上，而同期相同条件下种植的胡杨成活率不足 50％，另外，在防护林迎风外侧或风沙危害严重地段应种植沙拐枣能够起到早成林，对其他植被的种植起到一个防风沙危害，快速改善局部小气候的

图 4.15　怪柳

作用。在防护林内侧和风沙危害较轻的地区可以种植胡杨、怪柳和沙拐枣，在怪柳的选择上以刚毛怪柳和多枝怪柳这两个塔里木河下游的本地种为主要种植对象。怪柳见图 4.15。

图 4.16　沙拐枣

2）种植方法。补植季节一般在春季或秋季进行补植。沙拐枣见图 4.16。

春季补植：春季是大部分植物开始萌发、生长的时间，此时植物芽和根萌发能力都很强，同时苗木从苗圃运至造林地时间短，苗木易恢复，所以春季造林成活率高，但不同植物种萌发能力和时间存在差异。这三类植物中，沙拐枣萌发时间最早，生长迅速，不利的一方面是春季温度回升快，所以可造林时间短。如若造林任务量大、劳力紧缺，势必将增加春季造林难度。因此春季造林要宁早毋晚，适时早造，表层土壤一解冻即可造林，以赢得较多造林时间。

秋季补植：秋季随着温度下降，植物地上部分逐渐停止生长，进入休眠状态，但根系还要缓慢活动，有利于根系的愈合，来年春季苗木生根发芽早，有利于抗旱。但从秋季造林至翌年春季萌发，需要经历漫长的干冷冬季，容易使苗木枝条抽干，影响成活率。在塔中，秋季造林应在苗木落叶后进行，时间一般在 10 月底，11 月初。沙拐枣落叶最早，怪柳稍晚，胡杨最晚。

造林时间的选择根据实际情况灵活掌握，当任务量大时，尽可能两个季节都造林，以减轻时间压力，保证造林任务顺利完成。

3）造林方法。造林方法有多种，但归纳起来有三类：植苗造林、分殖造林和播种造林。鉴于造林地自然条件严酷，立地条件差，春季温度回升快等诸多不利因素，只有植苗造林是最适宜的，它具有成活率高、成林早、见效快、耐沙埋、抗风蚀等优势。

灌底水：栽植前造林地要灌足底水，使沙层浸润厚度至少在 50cm 左右，这个工作可在造林一年冬前或当年早春进行。

造假植、选苗木应选用 1～2d 生壮苗，根系应尽量完整，无论是当地苗圃育苗还是从外地调运的苗木，当苗木运至造林地后都应立刻假植，选择透气性好的地段，挖坑用湿沙埋苗，尽量埋深，并注意定期补水以防苗木抽干。

种植：采用穴植方式，用铁锹挖深 40～50cm，直径 30～40cm 的坑，然后严格按"三埋两踩一提"工序植苗，即：栽植时一手拿苗木的茎基部；另一手整理根系，将苗木按规划好的株行距垂直置于穴的中央，使应栽植的深度低于地表一定深度。穴太深时，可先在坑底填土，再置苗。之后，将穴旁的湿沙填到根系周围，等填土到一半时，把苗木略向上提，使根系舒展用脚紧紧踏实；继续填土到穴口再踏实；上面再覆一层土即可。

还有一种快而方便的植苗方法，隙植法，它使用一种专用工具缝植锹，其种植方法为：先铲除地表干沙层用缝植锹垂直插入地下，用手前后推动锹把，做成上口宽 10cm，深 50～60cm 缝隙；将苗木根系垂直置入缝隙内，轻轻抖动苗木，使根系舒展；再将锹插入距植树缝隙 10cm 处，深度应大于植缝的深度，向前推锹把，使沙土紧紧挤住树苗；最后用脚踏实。这种方法在土质松软的沙地，比穴植法效率高的多，但在土质较硬地段不能使用。需要注意两个方面：一是栽苗时，取出的假植苗木不能立刻栽植的应浸泡于水中，以防止苗木根系抽干，因为春季白天温度较高且多风，这样做可以提高成活率；二是栽苗时由于沙土毛细作用弱，表层极易蒸干，所以无论用何种方式都要尽量深栽，要求埋土至原根茎以上 5～8cm 为宜，埋土一定要踏实。

林带配置：林带配置最好采用混交林，采取行间混交或带状混交方式，这样不仅可以减少病虫害，还能减轻种间竞争，充分利用营养空间。

林带间距以 1m×1m 和 1m×2m 为宜。当树木成活率高时可以采取间伐，保证防护林树木减轻竞争，充分利用营养空间。当成活率低时，可以通过移植，保证防护林的防护效益不受影响。

（2）荒漠植物群落恢复工程建设措施。

1）引水漫溢激活土壤种子库。荒漠植物群落自然发生人工激发技术是基于对土壤种子库研究的基础上提出的。通过激活土壤种子库来恢复天然植被的方法是积极保护和恢复天然植被的重要途径和有效措施之一。土壤种子库是指存在于土壤表面和土壤中有活力的种子的总和，是种子植物为了繁衍后代而经历的潜种群阶段。它是土壤中种子积聚和持续的结果。植物种子成熟后，不管它以何种方式传播，最终都会随机地散落地上。其中很少数刚好落到合适的环境而萌发，大部分因得不到适宜的条件萌发失去活力而死亡，另外一些类型因具有休眠特性而得以保持着活力留在土壤中。土壤种子库作为潜在的植物种群，在植物种群的生活史中占有十分重要的地位，因为，在高等植物占据的大多数生境中，以休眠繁殖体存在的个体远远超过地上植株量，是植被恢复和天然更新的主要途径。土壤种子库内所含的种子是特定生态系统的潜在植物种群，是种群定居、生存、繁衍和扩散的基础。

河水漫溢激活种子库技术主要是在建群种种子成熟落种季节，利用河道两岸的古河道、古河汊引水入示范区，使其自然漫溢，激活土壤种子库中的种子。为减少地表扰动，在没有古河道、古河汊的地方开引水沟进行漫灌，激活土壤种子库中的种子。通过淹灌激活土壤种子库，实现荒漠植物群落自然发生人工激发与改造，构成以灌、草为主体的生态恢复区。乔木主要有胡杨（*Populus euphratica*），沙拐枣、灌木主要有柽柳（*Tamarix* spp.）、黑刺（*Nitraria sibirica*）、铃铛刺（*Halimodendron halodendron*），草本植物主要有芦苇（*Phragmites communis*），疏叶骆驼刺（*Alhagi sparsifolia*），胀果甘草（*Glycyrrhiza inflate*），大花罗布麻（*Apocynum venetum*），花花柴（*Karelinia caspica*），猪毛菜（*Salsola* sp.），盐穗木（*Halostachys caspica*），刺沙蓬（*Salsola ruthenica*），河西苣（*Hexinia polydichotoma*），鸦葱（*Scorzonera* sp.），地肤（*Kochia prostrate*）。

根据塔里木河下游区域的建群种（胡杨、柽柳、骆驼刺和黑刺）种子的休眠及萌发特性，并结合塔里木河下游生态输水时间，在每年的4月中旬至5月初（骆驼刺、黑刺等经过了休眠，开始萌发）、7月中旬至8月中旬（胡杨落种期）、9月中下旬（刚毛柽柳和多枝柽柳落种期）进行漫溢，每次漫溢保证示范区内保持有5～7d的淹水状态，保证每次漫溢时间在10～15d，合计面积16200亩，亩平均需水量550m³，分两次供水，合计需水量为891万m³。示范区建植成活后，因土壤干旱，仍每年灌溉1次，灌水量550m³，促进幼树新根充分向土壤深层扩展，以增强其生命力及抗旱能力。3年约需水2673万m³。下游植被逐渐恢复见图4.17。

图4.17　下游植被逐步恢复

2）人工漂种。由于长期的生态适应，胡杨等多数植物种子的成熟期与当地的洪水期相吻合。塔里木河下游荒漠区干旱少雨，即使偶遇大的降雨，也不能对植物种子萌发和幼苗生长构成意义。只有洪水因素，在时间和水量上都有效地满足了胡杨等植物种子萌发和幼株生长的水分条件，一旦光热条件适宜，种子便开始萌发。

柽柳与胡杨种子着床与萌发现象极为相似，都在洪水泛滥的地区。只要具有生命力的种子能在发芽能力丧失前散落到过湿或积水面积，包括河漫滩、溪流边缘，都有可能成为胡杨、柽柳等种子萌生场地。出芽后，将视立地能否维持较长的一段湿润期，这对幼苗的保存有重大作用。

采用的方法主要是引水漫灌加人工漂种，通过向引水沟的河水中播散塔里木河下游建群种的种子，种子随水飘落，使种子最终发芽成苗。这种方法主要通过开引水沟进行漫灌，同时，在塔里木河下游主要建群种成熟的季节采集建群种的种子，胡杨、柽柳、黑刺、骆驼刺、罗布麻等植物的种子，并将种子撒入引水渠中，让其随水自然漫溢飘落，最终下落发芽成苗。

撒种时间及数量：根据此区域的建群种（胡杨、柽柳和黑刺等）种子的休眠及萌发特性，并结合塔里木河下游生态输水时间（保证河道有水），在每年的 7 月中旬至 8 月中旬（胡杨和黑刺落种期）、9 月中下旬（刚毛柽柳和多枝柽柳落种期）每天进行撒种，撒种数量约为 0.41kg/亩，每天撒 3 次。

水量：每亩需水量 800m$^3$，分两次补水，人工漂种恢复面积 15500 亩，共需水量 1240 万 m$^3$。第二年开始，每年补水 400m$^3$/亩，3 年共需水 2480 万 m$^3$。

项目区可以恢复的主要是一些乔木、灌木和多年生草本，乔木为胡杨；灌木为柽柳、黑刺、梭梭；多年生草本为骆驼刺、花花柴和罗布麻等。

种子的获取方式：在种子成熟季节组织人力收集种子及在种子公司购买，以备引水漂种用。

3）萌蘖更新。萌蘖更新是根据胡杨根系的生长发育规律提出来的。一种是在人为干扰下的胡杨自然萌蘖；另一种是利用胡杨根萌能力强的特点，通过对衰败林的开沟断根等工程，促使胡杨根系、树干萌蘖形成新的个体，使胡杨幼林大量萌发，促使胡杨达到更新目的，后者为断根萌蘖更新技术，这是积极保护和恢复胡杨林资源的重要途径和有效措施，已经被实践所证实。

断根萌蘖更新技术主要以开沟断根萌蘖更新方式为主。其中开沟分为引水沟和断根沟，引水沟主要起引水作用。引水沟开好后应及时对胡杨林进行淹灌一次以达到浸润徒然、提高地下水位的目的。在此基础上再开断根沟，沟深 50～70cm，间距 3m、5m 均可。根据胡杨水平根生长特性：距地表 60cm 以上的水平根所占比例为 51.5%，深度在 60～80cm 所占比例为 27.5%，深度在 80cm 以下所占比例为 20%，综合比较断根沟深度以 50～70cm 为宜。

萌蘖更新区的灌溉水量以 925m$^3$/亩为基准，年需水量 185 万 m$^3$，3 年 2000 亩合计需水量为 555 万 m$^3$。

### 4.5.5 断根萌蘖更新工程的技术

胡杨个体在同龄林中由于竞争而自疏，并通过自毒和他毒作用抑制同种个体和异种个体的定居，但胡杨具有根蘖的无性繁殖方式，这种方式随年龄增长而加强，这就是说胡杨通过化感作用抑制和排斥同种或异种的同时，却以无性繁殖方式迅速占据母株周围的新生境，与母株形体相连的根蘖克隆分株有助于母株增强空间扩展能力，母株和分株间通过资源共享最大限度地利用异质性资源，降低母株的死亡风险，提高整个无性系的存活力，母株和分株形成强大的构件生物体更进一步通过化感作用排斥其他种子更新，导致胡杨群落的纯化，这种纯化可认为是胡杨化感作用达到极点，随这些个体的衰退和死亡，这种抑制作用并未被解除，那么其他物种很难侵入和定居，出现植被不连续的更替，即演替间断。

胡杨有两种繁殖方式：种子繁殖和根蘖的无性繁殖。在老龄林中，胡杨抑制有性繁殖，采取无性繁殖方式是因为有性繁殖：一方面，耗费母株的营养积累，实生株死亡风险高，且种子来源不一定是该母株的后代；另一方面，种子可通过传播、扩散等方式侵入新的领地，并在新的环境中定居。所以胡杨严酷的逆境下充分利用生境资源（母株生境中根蘖无性系更新）和异质资源（种子新定居环境）去实现繁殖的最大收益，正是这种最大收益性导致了胡杨对群落生物多样性的纯化行为，这一现象正反映了植物在适应环境胁迫时所具有的自私性。

无性繁殖在极端环境胁迫下所表现出与亲本生存和保存方面相对于种子更具有优势，表现为：

1）由形体相连的无性系克隆体所形成母株与分株间基因的相同性远大于种子形成的实生苗，从遗传角度讲，在极端环境胁迫下，无性系分株开成的分株由于基因的相同性而易被母体所识别，从而促进母株对分株的保护性，而种子繁殖形成的分株，由于存在着50%异体基因，同时又在繁殖过程中存在着种子脱离母体而进行独立更新的过程，母体对之的识别能力相对于其克隆分株将减少50%。

2）由于无性繁殖中母株与克隆分株间具有间隔物相连，那么对整个无性系在母株与分株间，分株与分株间具有资源共享格局的存在，其死亡风险被大为降低，而对实生苗其被母体识别的程度远低于克隆株，在资源利用方面与母株相比处于劣势，则在极端环境胁迫下在胡杨种群内不可能有种子更新。所以，要实现胡杨的种子更新，只有在新的生境中才能实现。这样根据上述观点得出如下结论：在胡杨林内要实现其种群更新，则要进行以无性繁殖为主的更新方式，在胡杨林外，适宜胡杨种子萌发的生境中进行有性繁殖为主的胡杨林重建工作。

在水分条件较好时胡杨是浅根性树种，对土壤质地没有明显要求。在荒漠盐土、荒漠灌木粉沙土、草甸土上均能生长。由于根系的可塑性，在疏松湿润肥沃的土壤中，胡杨根系发达，地上部分生长茂盛，花果量大；在坚硬瘠薄土壤中，根系浅而分枝、不发达，地

上部分生长势亦较弱；在沙质土壤条件下，植株地下部分主根发达，通常有较多侧根，但若土壤中有明显的黏土层、沙土层交替出现主根发育受阻，侧根则横向发展且发育较好，侧根多分布在20～150cm的土层中，根系水平分布在2～20m范围。调查研究表明，胡杨树根质量密度分布和根长密度分布规律略有不同，根质量密度在垂直方向上主要集中在80～100cm的土层中，约占总量的38.75%，在100cm土层以下根量迅速下降。在水平方向上，根长分布密集层在0～100cm范围内，从100～450cm距离内，呈下降趋势。分布在0～100cm的吸收根（$d<2$mm）占0～450cm范围内总量的92.07%。但随着立地表面日渐干旱，早期适应浅土层过湿而形成的明显的水平根系，从其某一适应部位形成追踪地下水位降低的垂向根系，从而维持其生存，最深可达16m。除此之外，胡杨也可进行营养繁殖，由主根上分枝形成的横走根来完成。横走根上产生不定芽，但芽形成的部位不产生不定根。不定芽发育成无性系小株，无性系小株可单个发生，也可3～6个丛生。无性系小株生长发育形成的单株可进行有性繁殖。

属无性繁殖的断根萌生幼苗现象见于胡杨各种林地，但其萌生数量与浅土层含水有关。当表土含水较高即萌生株量大，而表土干燥即萌生株稀少，甚或绝迹。亦与具生命力的断根存在有关，当植株被砍伐，表沙层含水近1%时，往往在伐桩周围形成大量萌生株。试验表明，在胡杨周围用圆盘耙切割表土，然后引水灌溉，从而引起大量萌生株出现，甚至可以形成密集幼树。

胡杨林的主要封育更新技术有围栏封护、引水灌溉、补植造林、开沟断根、禁牧轮牧等。开沟断根技术是利用胡杨树水平根系延伸范围广（2～20m半径）、埋深浅（20～150cm）的特性，在生长有胡杨母树（老树）周围开挖环形沟或平行沟并斩断根系的人工促进更新技术。萌生林可以在一定空间形成保护地表的植被，但伐桩萌生林无明显主干，植株低矮，树干容易腐败，随时间推移，将日益萎缩，不宜作为恢复与重建林地的对策。

胡杨进行断根萌蘖更新，一般选用胸径在8cm以上的植株。开沟断根时间从解冻至入冬以前均可进行，但以4月、5月为好。开沟深度在50～70cm较好，开沟距离的远近或可视树的大小而定。树小宜近，可在1～1.5m之间；树大可远，在1～3m处。根系的粗度在0.2cm以上就可正常萌发。进行胡杨断根萌蘖更新，地下水位须在3m左右，且每年能灌水1～2次。若地下水位在3m以下，由于地表1m土层干燥，活根甚少，萌蘖更新效果不好。

塔里木河下游应急输水后调查研究表明，胡杨萌蘖更新的发生条件之一是地下水埋深小于4m。应急输水后，仅极少部分地区的地下水埋深的抬升到4m左右，因此，其余大部分地区均不能满足胡杨萌蘖更新的生态条件。因此，塔里木河下游只能在局部地区采取萌蘖更新方法恢复胡杨。

## 4.5.6 经验与建议

塔里木河下游水土保持与生态修复工程已基本按设计要求施工完建，在总体及工程的主要方面能按照原设计文件进行施工，在工程施工中得到一些认识并总结经验。

（1）一年生草本爆发式的增长。塔里木河下游土壤种子库种赋存大量一年生草本猪毛菜、角果藜等物种的种子，加之在漫溢过程中随水飘入的这类物种种子，常常会出现在秋季底水灌溉和漫溢激活土壤种子库中一年生草本大量萌发的现象。爆发式增长的一年生草本可以在短期内快速提高恢复区的植被盖度，同时，可以为一些多年生的草本及灌木的定居创造一定的条件。但是单年生草本多是浅根系植物，在后期缺乏灌溉后会快速死亡，枯死的这些一年生草本常常聚集成堆，且干燥易燃，给塔里木河下游生态林的防火带来一定潜在危机，应特别注意。另外一年生草本在生长过程中会消耗大量浅层土壤的水分与养分，这将会与另外一些群落结构的顶级物种形成一定竞争。但是因为这些物种种子量大且宜萌发，难以在恢复措施中避免，同时此类物种在后期群落演替中会逐渐让出生态位给多年生的抗逆性更好的物种，因此只需在前期做好森林防火即可，这些爆发式增长的单年生草本可以通过自然地群落演替被逐渐替换。

（2）补植措施中的注意事项。塔里木河下游荒漠河岸林生态系统所处的自然环境极为恶劣，空气干燥，降水稀少，地下水埋深大且土壤含水量低。在这一区域通过植被补植进行生态恢复重建，困难重重，所用树种必须具有极强的干旱抗逆性。试验研究结果表明：

1）如果单纯从补植幼株成活与干旱抗逆性看，建议在塔里木河下游进行植被补植恢复时应当首选柽柳。但是如果综合考虑到柽柳的高耗水特性可能会加剧研究区地下水埋深的加大等因素，应当结合生态位，实行多物种搭配补植，沙拐枣是一个良好的选择。

2）如果要在胡杨林中退化的林下沙地进行补植重建，可以选择对遮阴有较好适应能力的柽柳幼株，同时可以在林间相对开阔且光照较好的区域搭配胡杨幼株。

3）对于沙拐枣与胡杨幼株补植区，当根区土壤含水量降到田间持水量的30％以下时，应考虑适当补水灌溉，防止干旱胁迫下幼株组织受损；对于柽柳补植区域，主要在补植初期进行适当抚育保证其成活与定植，后期基本不需要灌溉抚育。

（3）断根萌蘖中的注意事项与建议。胡杨的断根萌蘖是通过人工对母株实施一定的干扰与刺激，切断部分浅层土壤中的水平根，实现根蘖。这种措施对母株势必会造成一定扰动，由前期试验可以证实，少量的断根不会对母株的生理过程产生明显影响，但是在断根中应注意保护母株主要根系。试验发现萌蘖的水平根直径主要集中于 $1\sim5cm$，而超过 $5cm$ 的水平根应避免伤及，以减轻对母株的扰动强度。鉴于此，建议断根尽可能人工实施，避免机械施工对主根的损伤；断根沟只在一侧开挖。

# 4.6 河道治理工程施工

塔里木河干流的工程建设具有其特殊性，不论规划设计还是施工，应充分考虑其特殊性。

## 4.6.1 输水堤工程对干流河道及两岸生态的影响

堤防工程作为塔里木河治理的一项主要工程措施（干流输水堤及堤防两侧植被见图4.18），作用是束集洪水，防止洪水向两岸漫溢而无效损耗，使节约的水量输往下游，拯

图 4.18　干流输水堤及堤防两侧植被

救濒于毁灭的"绿色走廊"。塔里木河的堤防工程主要规划布置在洪水期漫溢河道，但应结合其他工程措施以达到节约水量治理河道的目的。塔里木河漫溢河道断面见图 4.19，这一段河道有长期河床沉积，并因洪水期泥沙沿河岸落淤而形成自然河堤，河岸沿横断面方向有远离河岸的比降，洪水期使大量洪水漫溢，不能回归。

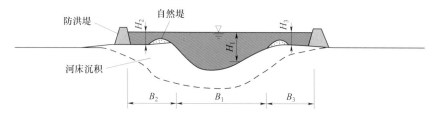

图 4.19　塔里木河漫溢河道断面图

堤防工程建设包括规划、设计、施工、管理等方面工作，对于塔里木河来说，合理选线的是关系到工程的安全、投资的大小、防洪堤能否发挥作用等问题的关键所在。在选线时堤线应短直平顺，避免急弯和局部突出，尽可能和洪水流向一致。堤线位置不应距河槽太近，亦不能太远，太远防洪堤工程量大、造价高，水量损耗大，水流条件不佳；太近工程不安全，可能因河水的冲刷或河岸的崩塌，使河道摆动而堤防遭破坏。可以根据公式：$B_M = \xi Q_0^{0.41}$ 估算该河段的安全堤线位置，其中：$Q_0$ 河道在该断面多年平均流量，$\xi$ 是待定系数（取 0.378），$B_M$ 是河道的最大摆动幅度。

（1）堤防工程对河道的影响。修堤防后，河道断面加大，河道过流流量：

$$Q = Q_1 + Q_2 + Q_3$$
$$Q_1 = 1/N_1 B_1 H_1^{5/3} J^{1/2}$$
$$Q_2 = 1/N_2 B_2 H_2^{5/3} J^{1/2}$$
$$Q_3 = 1/N_3 B_3 H_3^{5/3} J^{1/2}$$

式中　　　$Q$——设计洪水流量；

$Q_1$、$Q_2$、$Q_3$——主槽及左、右岸流量；

$J$——比降；

$N$——主槽及左右岸滩地糙率；

$B$——主槽及左右岸滩地宽度；

$H$——主槽及左右岸滩地上的平均水深。

堤距和洪水位确定后，左右岸滩地的洪水流速：

$$V_2 = Q_2/(B_2 H_2) \qquad\qquad V_3 = Q_3/(B_3 H_3)$$
$$V_2 = 1/N_2 H_2^{2/3} J^{1/2} \qquad V_2 = 1/N_3 H_3^{2/3} J^{1/2}$$

在一般漫溢河道左、右岸滩地的洪水流速很小，是远远小于主槽的，若不大于它的沉积流速，那么汛期洪水中的泥沙将沉积在岸滩。

堤防内分为有长草和不长草两种情况，如 $J$ 采用 1/6000 的比降；可得到岸滩不同水深下流速，又根据沙玉清公式及萨莫夫不淤流速等于 1/1.2 倍起动流速理论估算中游河道岸滩不淤流速：

$$V_C = [266(\delta/d)^{1/2} + 6.66 \times 10^9 (0.7 - \varepsilon)^4 (\delta/d)^2]^{1/2} \times [gd(v_s - v)/v]^{1/2} H^{1/5}$$

式中　　$\delta$——薄膜水厚度取 0.0001mm；

$\varepsilon$——孔隙率取 0.4，$d50$ 粒径取 0.0689mm（英巴扎泥沙中值粒径），得出 $V_C$ = 0.432$H^{1/5}$。

岸滩水深与流速关系见表 4.5，岸滩水深与流速关系曲线见图 4.20。

表 4.5　　　　　　　　　　　　　岸滩水深与流速关系表

| 岸滩洪水深 $H$/m | 0.2 | 0.5 | 0.8 | 1.0 | 1.5 |
|---|---|---|---|---|---|
| 长草岸滩流速/（m/s） | 0.099 | 0.125 | 0.18 | 0.198 | 0.26 |
| 不长草岸滩流速/（m/s） | 0.259 | 0.325 | 0.48 | 0.516 | 0.676 |
| 岸滩不淤流速/（m/s） | 0.313 | 0.376 | 0.413 | 0.432 | 0.468 |

从图 4.20 岸滩不同水深流速线的斜率可知：不长草比长草在同等洪水位下，岸滩流速大且随水位的增大流速增速亦呈加速上升状况。岸滩水深 0.6m 以下时，没有植被洪水中泥沙在岸滩亦会沉积，岸滩内长草将大大减低岸滩上的洪水流速，使洪水中大量的泥沙沉积岸滩。因英巴扎断面没有悬移质观测资料，无法定量计算岸滩泥沙年沉积量。

塔里木河堤防工程在挡住洪水漫溢的同时，上岸的洪流对河岸可能产生不利影响，在河道弯曲段上岸的洪水在堤防束服作用下，流向可能与河道主槽流向不一致，堤防内水流见图 4.21。从 $A$ 点到 $B$ 点上岸洪水流程比河道里的洪水的流程长，相应的水力比降大，上岸洪水会对河岸有冲刷力，因洪水对河岸的合力顶冲点由 $C$ 点下移到 $D$ 点，同时弯道

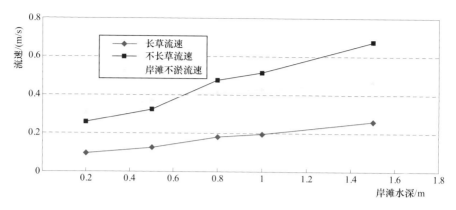

图 4.20  岸滩水深与流速关系曲线图

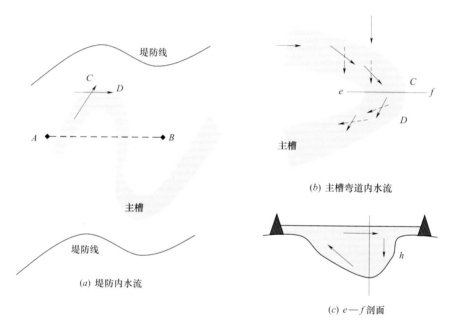

(a) 堤防内水流

(b) 主槽弯道内水流

(c) e—f 剖面

图 4.21  堤防内水流示意图

形成的横向环流因水深的增加（岸滩 h）动能也加大，弯道水柱横向的环流增强，会加速弯道凹岸向下游发展。因此确定合理的堤线很重要，并需要配合其他工程措施，主要是控导工程（挑坝，丁坝）来约束上岸洪水与主河道中洪水流向保持基本一致，在河岸顶冲位置采取防护措施保护河岸。

（2）堤防对河道两岸植被的影响。塔里木河干流主河床两岸植被主要靠河水的渗透补给而存在，在汛期河道漫溢段虽因洪水的漫溢给两岸植被能补充部分水量，使漫溢范围的表层土壤含水率增高，但土壤含水率主要是受地下水埋深的影响，而塔里木河两岸地下水是由河道补充的。英巴扎断面靠近塔里木河干流上游与中游分界处，建有较完善是地下水观测井，形成一个大断面。根据观测得到的地下水平均埋深线（北岸 3～4km 间可能有水量补充），英巴扎地下水与植被关系曲线见图 4.22。

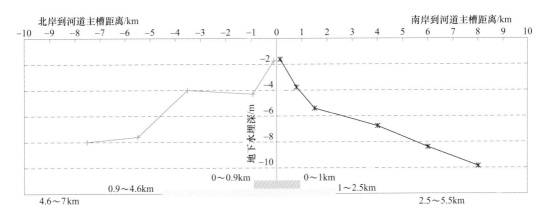

图 4.22　英巴扎地下水与植被关系图

根据图 4.22 河道对地下水的埋深影响范围可知地下水埋深与距离河道关系，地下水埋深与距离河道关系见表 4.6。

植被能正常生长需要的地下水埋深见表 4.7。

表 4.6　　　　　　　　　　　　　地下水埋深与距离河道关系表

| 地下水埋深/m | 两岸不同埋深地下水距河道距离/km | |
| --- | --- | --- |
| | 北　岸 | 南　岸 |
| 0～4 | 0～0.9 | 0～1 |
| 4～6 | 0.9～4.6 | 1～2.5 |
| 6～8 | 4.6～8 | 2.5～5.5 |

表 4.7　　　　　　　　　　　　　植被能正常生长需要的地下水埋深表

| 地下水埋深/m | 可存活生长主要植被种类 |
| --- | --- |
| 0～2 | 芦苇、干草、罗布麻、骆驼刺等草本植物；灌木；乔木 |
| 2～4 | 干草、罗布麻、铃铛刺，骆驼刺；灌木；乔木 |
| 4～6 | 骆驼刺、铃铛刺、柽柳、乔木 |
| 6～8 | 柽柳、乔木 |

通过对英巴扎断面离主河床不同距离观测井的地下水埋深、矿化度及地表植被实际状况调查，得到英巴扎断面地下水埋深、矿化度和植被状况关系，英巴扎断面地下水埋深、矿化度和植被状况关系见表 4.8。

从表 4.7 中可以看出离主河床越远，地下水越深，地表植被状况生长越差，英巴扎断面胡杨青壮林，分布在主河道两侧宽 500～1000m，地下水埋深 2～4m，地下水矿化度不超过 6g/L。生长较好的红柳灌丛宽度在 1500m 左右，地下水埋深 3.5～6m，根据地下水埋深、矿化度及植被生长状况综合分析，主河床对地下水的影响范围可以满足现状地表植被很好的生长。在此范围的一些灌木和胡杨过熟林，生长较差，是因为其自身已过最佳生长状态，与地下水埋深无关。远离这一地带地下水埋深加大，植被生长变差，荒漠化增强。由于塔里木河干流生长较好的乔、灌、草均分布在沿主河床两岸 2～3km 的范围内，所以修建堤防后，可通过河道渗透补给地下水，并不影响沿主河床两岸植物的生长。

表 4.8　　　　　　　　　英巴扎断面地下水埋深、矿化度和植被状况关系表

| 地点 | 距主河床距离<br>/km | 地下水埋深<br>/m | 地下水矿化度<br>/（g/L） | 地表植被状况 |
|---|---|---|---|---|
| 南岸 | 0.25 | 3.15 | 5.55 | 胡杨青壮林生长良好 |
| | 0.95 | 5.7 | 19.03 | 红柳灌丛生长良好 |
| | 3.5 | 7.3 | 20.63 | 红柳灌丛和部分固定沙丘，生长较差 |
| | 5.5 | 8.7 | 11.92 | 红柳灌丛和部分半固定沙丘，生长较差 |
| | 7.5 | 10.05 | 7.12 | 胡杨过熟林，生长较差 |
| 北岸 | 0.1 | 1.27 | 2.13 | 胡幼林，生长良好 |
| | 1.5 | 3.9 | 16.08 | 红柳灌丛和部分固定沙丘，生长良好 |
| | 4 | 4.36 | 13.69 | 红柳灌丛胡杨过熟林，生长较差 |
| | 6 | 7.35 | 6.83 | 胡杨过熟林，生长较差 |
| | 8 | 7.85 | 2.74 | 胡杨过熟林，生长较差 |

胡杨是荒漠地区的速生阳性树种、繁殖性很强。它有两种繁殖方式：一种是种子繁殖；另一种是根蘖萌生。胡杨的种子多在洪水期成熟，并随风飘入水中，随洪水带到水边缘的湿地中即可萌发。在新河漫滩常可见到边界比较整齐的带状胡杨幼苗地块。修建堤防后，堤防阻止了洪水从河道的漫溢，造成胡杨种子不能向堤防以外繁殖。对胡杨林的繁殖将带来不利影响。对于这一问题可通过修建引水控制闸定期泄水来解决胡杨的繁育；根蘖萌生在现阶段塔里木河沿岸个别一些地区运用的结果看，能达到很好的效果，值得大力推广；同时还可以进行人工种子繁殖，然后定植来加强人工抚育更新。

### 4.6.2　模袋混凝土护岸工程施工

模袋混凝土护岸见图 4.23。

图 4.23　模袋混凝土护岸

（1）护坡的种类。塔里木河干流是一条典型的内陆平原型河流，地形平坦、坡降小、洪水易漫溢，每年的汛期，洪水携带大量的泥沙沿途沉积，使得随着塔里木河上、中游河道冲淤剧烈，河床不断抬升，河流改道频繁，河势变化飘忽不定，抢救工程输水堤防的建设，塔里木河被束缚在河堤中加强了塔里木河水向下游的输送保证了应急输水的成功，但是也使塔里木河主河槽的水流流速增大，来水来沙的条件发生较大的变化，根据近几年的河淤变化分析，河湾淘刷率明显增加，弯顶年淘刷速度为20m，岸坡崩塌侧蚀严重。大量被冲毁的堤防设施需除险加同和防护。由于崩岸的机理比较复杂，对不同的河段，应根据崩岸成因、现场施工条件、堤防运行要求及综合经济效益等因素综合考虑，选择最优的治理措施。目前，崩岸治理的方法和形式很多，如采用抛石护坡、各种沉排护底等平顺式护坡或采用木桩、钢板桩等垂直护岸方法，在河床宽阔、水流较缓的地方还可以修建丁坝、顺坝等间断性护岸方法。近年来，随着土工合成材料在堤防除险加固工程中的应用，各种复合式护岸方法不断被采用和推广。护坡工程的型式很多，主要有块石护坡、混凝土护坡、模袋混凝土护坡（模袋混凝土护岸图4.23）、水泥土护坡、天然植被护坡等几类。

（2）护坡方案的选择。由于护岸工程多处于河漫滩腹地，道路不通，人迹罕至，每年的1~3月、10~12月为冰冻期，7~9月为汛期，全年可施工时间不足180d，如沿用传统的柴排、堆垛、同土桩或浆砌石、现浇混凝土方法，工期长、造价高、效果差、寿命短，主管工程建设的塔里木河流域管理局根据黄河水利委员会和有关单位的建议，先后在"其满水库防护、其满水库四号引水口弯道治理、大寨水库引水口弯道防护、沙雅大桥弯道防护、新其满控导"护岸工程中的重点部位综合运用了模袋混凝土护坡（总工程量12.77万m²）与充砂长管袋护底（总工程量159.69万m³）相结合的护岸新技术。

塔里木河干流河道特性见表4.9。

表4.9 塔里木河干流河道特性表

| 地点 | 河 段 | 河长/km | 河型 | 水面宽/m | 比降/‰ | 弯曲系数 |
|---|---|---|---|---|---|---|
| 上游 | 汇河口至十四团 | 108 | 弯曲性 | 1000 | 2.20 | 1.57 |
| | 十四团至新其满 | 129 | 游荡型 | 500~1200 | 2.00 | 1.05 |
| | 新其满至英巴扎 | 258 | 过渡段 | 500~1000 | 1.50 | 1.75 |
| 中游 | 英巴扎至乌斯满河口 | 179 | 弯曲性 | 200~500 | 1.39 | 1.68 |
| | 乌斯满河口至恰拉 | 219 | 弯曲性 | 50~300 | 1.45 | 2.00 |
| 下游 | 恰拉至台特玛湖 | 428 | 弯曲性 | 50~100 | | |
| 全河 | 汇河口至台特玛湖 | 1321 | | | | |

（3）模袋混凝土。模袋国内统一称谓土工模袋，英文为FABRIFORM—法布，它是用高强化纤长丝机织的双层织物四层结构的袋状织物。土工模袋混凝土护坡是土工合成材料发展的产物，从19世纪有了硝化纤维后，20世纪30年代初，聚氯乙烯低密度聚氯乙烯相聚酰胺相继在市场出现开始。50年代聚烯织物作为海岸块石护坡，荷兰、法国、日本用合成纤维作为沙袋用于护岸防冲，开始土工模袋护坡的应用。

模袋护坡工程方式是国外引进的一项新技术，它是采用高强度合成纤维编织的模袋，铺设在需要防护的陆地、水下、坡面上，把流动性混凝土或砂浆用高压挤压泵压入该袋。由于这种垫袋具有渗水性，在注灌填料受到压力时，能将混凝土或砂浆中的多余水分从垫袋中挤出，降低了水与水泥的比率，从而加速凝固，在短期内得到高强度、高密度的混凝土或砂浆的硬化体来保护坡面，这就是模袋护坡工程方式。

塔里木河干流河道治理工程自 2006 年以来在多项护岸工程中采用了模袋混凝土护坡及充砂长管袋护底，可形成刚柔相济的完整护岸结构。模袋混凝土刚性护面能满足护坡需要的强硬度、密实性和耐久性，充砂长管袋柔性护底能阻挡水流对基土的冲刷，并紧随地形沉降变化防止地基淘蚀。这两种技术比传统的浆砌石、现浇混凝土或其他单一材料结构的护体效果更好，且质量高、造价低、施工快，尤其适合在石料匮乏、砂源丰富、气候寒冷、施工季节短的工程应用，是极具推广价值的护岸新技术。

（4）模袋混凝土的特点。模袋混凝土护坡适用范围：有护岸、围堤、桥台和航道整治的大面积工程，目前在水闸溢洪道上已应用成功。

其主要特点：①整体性好，抗冲刷能力强；②适应性好，重量轻，柔性大便于运输，保管又方便安全，可保证成型后的块体紧贴地面，尤其适应起伏较大的地形；③适宜水下工程，水上水下同时成片进行，不需要筑围埝，不需要断航；④施工方便，进度快，易控制，改变了肩挑人抬的施工代之机械施工；⑤初期强度高，维修保养方便；⑥工程费用省、护体不需要加铺过滤层。

模袋护坡的特点可归纳为：外型美观，用途广泛，坚固耐久，是一般浆砌工程使用寿命的 3～5 倍。

（5）工程实例。其满水库防护工程位于阿克苏地区沙雅县境内、阿拉尔—英巴扎河段的中段大 S 弯的下端、左岸，原其满水库防洪堤堤坝址，与上述其他工程位置靠近、环境相同、护岸结构、设计方案、施工方法等基本类似。该段河槽宽约 150～500m，弯道上游主河槽走向近 NNE 向、下游主河槽走向近 EW 向，上下游主河槽的走向平面夹角近 90°形成北北两向凸出的弧形，左岸为凹岸，由近期沉积的淤泥构成，地形平缓、地势较低，附近河床深槽均位于左岸，岸坡自稳能力较差。筑于 2001 年的防洪堤位于弯道下游，为沙壤土结构，堤长 2875m、高 1.5～3.0m、顶宽 4～14m，部分临水侧修建有井桩坝、红柳垛等简易防护设施，其抗冲刷和挑流作用不大，且大都已经毁坏；断面 0＋000～0＋500 岸坡顺直，坡高小于 3.0m，坡度较陡近直立，河水偎岸而行，岸坡裂隙发育；0＋500～0＋850 段处于凹弧弧顶部位，岸坡冲刷淘蚀严重；0＋850～1＋500 段岸坡陡立，局部坡高已达 6.0m，水流直冲岸坡，已坍塌至堤脚；0＋900～2＋050 段临河侧堤脚大部分已浸泡于河水中，背河侧堤脚已出现流土现象，纵向裂隙发育。

护岸工程是将原防洪堤加长、加宽、加高，临河侧采用模袋混凝土护坡与充砂长管袋护底相结合的技术整体防护，以阻止溃堤和河流改道，迫使水流归向河床主槽，保障其满水库和附近沙雅监狱的防洪安全。以下段落的设计、施工均以本工程为例叙述。

（6）护岸设计。主体工程为土方开挖、填筑，模袋混凝土护坡，充砂长管袋护底和堤顶硬化（工程断面见图 4.24）。

1）护坡设计。模袋为无反滤排水点的 SL/CX300 型（模袋指标见表 4.10），由生产厂家依据图纸在工厂制作（工程断面见图 4.12）；充填混凝土厚 30cm，混凝土强度 C25、

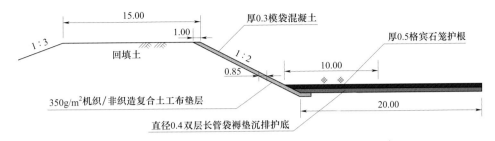

图 4.24　工程断面图（单位：m）

抗冻等级 F300，高抗水泥 32.5 级，砂料细度模数 2.5，石料粒径 5～20mm，配合比 1：2：2，水灰比 0.6～0.65，坍落度（21±1）cm；坡比 1：2.0，坡长 9.6～12m；反滤垫层为 350g/m² 机织/非织造复合土丁布，搭接宽度 0.5m；模袋上端稳定槽上宽 0.6m、下宽 0.3m、深度 0.5m，距齿坎 1.0m；模袋下部距坡脚水平铺设 1.0m 在河床上。

表 4.10　　　　　　　　　　　模 袋 指 标 表

| 项　目 | | 允 许 偏 差 |
|---|---|---|
| 单位面积质量/（g/m²） | | ≥250 |
| 断裂强度 | 经向/（kN/m） | ≥50 |
| | 纬向/（kN/m） | ≥40 |
| 断裂伸长率 | 经向/% | ≤35 |
| | 纬向/% | ≤30 |
| CBR 顶破强力/kN | | ≥5.0 |
| 等效孔径 $O_{95}$/mm | | ≤0.03 |
| 垂直渗透系数/（cm/s） | | ≥2.0×10⁻³ |

2）护底设计。长管带为 260g/m² 涤纶长丝机织加筋土工布（长管袋布指标见表 4.11）制成，每个长度 20m、φ0.4m，每六个连成一组，由生产厂家按图纸（长管带结构见图 4.25）在工厂加工完成，分两层铺设与模袋混凝土水平底脚之上分别充填 80% 饱满度，其上压载两层各厚 0.5m 格宾网石笼。充填砂料就地取材，取自工程区河床、距坡脚 20m 以外的施工区外侧，护底宽 20m，河床开挖宽 22m、底高程与模袋下层水平一致。

表 4.11　　　　　　　　　　　长 管 袋 布 指 标 表

| 项　目 | | 允 许 偏 差 |
|---|---|---|
| 单位面积质量/（g/m²） | | ≥260 |
| 断裂强度 | 经向/（kN/m） | ≥60 |
| | 纬向/（kN/m） | ≥45 |
| 断裂伸长率 | 经向/% | ≤30 |
| | 纬向/% | ≤25 |
| CBR 顶破强力/kN | | ≥6.0 |
| 等效孔径 $O_{95}$/mm | | ≤0.03 |
| 垂直渗透系数/（cm/s） | | ≥1.0×10⁻³ |

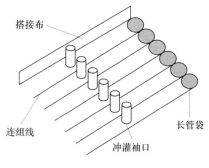

图 4.25 长管带结构图

（7）模袋混凝土施工。工程护坡采用厚 0.2m 模袋混凝土，下设复合土工布，机织模袋布抗拉强度不小于 44kN/m，CBR 顶破强度不小于 4kN；混凝土采用二级配，强度等级为 C25，水泥采用高抗水泥，冲灌厚度偏差 +8%。

根据工程的特点和现场施工条件，采用集中拌和、泵送混凝土入模袋的施工方法。

1）施工准备。

设备安装：发电、抽水、搅拌、冲灌等设备安装在距离施工半径 150m 的河岸上。

配合比试验：根据现场气温条件拌和调试混凝土，并分组取样检测，以满足设计强度和充填所需的和易性、流动性配比为好。

测量放样：现场实测护面、坡形，根据设计图纸和技术交底设定高程、断面控制点。

稳定槽开挖：按设计要求开挖，为使模袋混凝土缓顺入槽，将坡侧槽口直角削平。

清理基坡：检查坡面和底脚，清理表面树根、凸出石块等杂物，填平凹坑拍打夯实，使其整体平顺无突变。

2）模袋铺设。机织模袋应在各片连接的底面铺非织造土工织物。各片间连接底面的非织造土工织物采用缝接或搭接，搭接宽度 20～30cm，土工织物在坡顶处可用 8 号铁丝制成的 $n$ 形钉固定。顺水流方向铺土工织物时，搭接带亦应固定。简易模袋先铺设非织造土工织物滤层，然后在其上铺模袋。一次铺设土工织物面积的大小根据充灌施工进度确定。按预定位置顺坡准确展开模袋，扎紧下口，上下两端设桩固定。机织模袋上沿连接松紧器，挂在固定桩上，机织模袋铺设见图 4.26。若有配筋时，则在模袋铺开后按要求插入袋内。插筋时应防止刺破模袋。

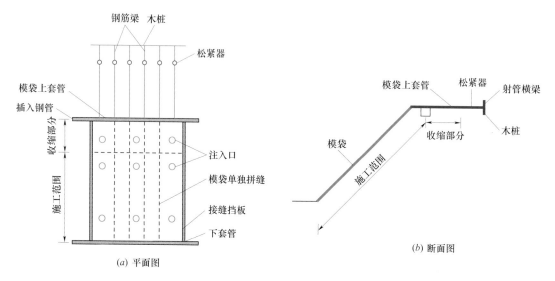

(a) 平面图　　　　　　　　　(b) 断面图

图 4.26　机织模袋铺设示意图

3）混凝土的生产。充灌模袋的混凝土要有良好的和易性、流动性和泵送性，保证混凝土能顺利地充灌入模袋中不需要机械外力而自动密实，且不发生离析。配合比先按经验配置再通过实验获得各种适合的施工参数。一定要保证混凝土的质量和坍落度，现场操作人员要有一定的操作技术。

模袋混凝土所用水泥、砂、碎石的配合比为 1∶2∶2，水灰比为 0.6～0.65，坍落度为 21±2cm，在这么大的坍落度下要保证混凝土的和易性，经过反复试验，在增加水泥用量的同时，掺用了 15％的粉煤灰。中砂、碎石粒径为 0.5～20mm。

土工模袋混凝土，它的性能与普通混凝土不同，与泵送混凝土也不完全一样：它不但要能满足设计要求的强度，满足可泵性、还必须在运输、灌注过程中有足够大的流动性，使它在土工模袋里能够顺利地流淌、扩散，充满整个土工模袋（国外称之为流化混凝土）。混凝土中过多的水分，在泵的压力下能排出模袋，使水灰比降低，从而获得较高的强度，这就是模袋混凝土的特殊性，所以模袋是不同于其他混凝土的一种独特性。

4）混凝土的灌注。混凝土输送采用 HBT－60 型混凝土泵进行，输送距离可达300m，输送混凝土速度为 10～15m³/h，充灌压力控制在 0.2～0.3MPa；混凝土泵根据输送距离在完成一段模袋混凝土后，进行移位；混凝土泵置于河道两岸的二级平台上，混凝土泵出口用钢管连接，一直延伸至待浇筑模袋的中间位置，混凝土泵的布置尽可能与待浇筑的模袋在同一直线上，避免弯管太多影响输送能力，减少产生堵管的可能性。

充灌填料用混凝土泵充填自下而上从两侧向中间进行充灌，充填后即可设排水孔回填固定模袋沟。灌注混凝土时，模袋灌浆口与输送泵的橡胶软管连接，在充填时控制好混凝土的密实度，使模袋饱和，边角处由人工捣实。一个单元浇筑完成之后再铺设、搭接、浇筑下一个单元。在每次混凝土浇灌完毕后的施工间歇期间，都把输送泵与管道清理干净，对已完工的模袋混凝土，浇水养护。

模袋混凝土充灌过程中主要应注意和解决下列几个问题：

①混凝土灌注前应用清水冲洗湿润管道，然后用水泥砂浆润滑管道。

②为防止堵塞事故，应随时检查混凝土级配和坍落度；防止过粗骨料进入和堵塞管道；防止泵入空气，造成堵管或气爆；充灌应连续，停机时间一般不应超过 20min。

③泵与充灌操作人员之间应随时联系，紧密配合，灌注将近饱满时，应暂停 5～10min，待模袋中的水分析出后，再灌注至饱满。

④随时检查坡顶钢管桩是否牢固，以防充灌过程中模袋下滑。应特别注意两片间的连接、靠紧。

⑤每个灌注口灌注结束后，必须用绳子将灌注口扎死。

⑥必须保证混凝土泵的运行可靠性，一旦产生堵管现象，应及时处理。

（8）土工模袋质量控制和检测。

1）质量检验标准。土工合成材料地基质量检验标准应符合土工合成材料地基质量验收标准。土工合成材料地基质量验收标准见表 4.12。

2）土工模袋质量检测（抽检）情况。其满水库防护工程采用的土工模袋由无锡市新海浪工业用布有限公司提供，按规范要求厂家按批提供了出厂合格证、国家认可的质量检测单位出具的技术性能鉴定书或试验报告。模袋到场后按有关规定抽检，合格后方能用于工程施工。其满水库防护工程受项目法人委托，新疆水利水电科学研究院工程质量检测中心对该两批材料的样品进行了检验，检验结果，各项指标均满足设计要求。机织模袋布检验成果见表4.13。

表 4.12　　　　　　　　　　土工合成材料地基质量验收标准

| 项 | 序 | 检查项目 | 允许偏差或允许值 | | 检 查 方 法 |
|---|---|---|---|---|---|
| | | | 单位 | 数值 | |
| 主控项目 | 1 | 土工合成材料强度 | % | ≤5 | 置于夹具上做拉伸试验（结果与设计标准相比） |
| | 2 | 土工合成材料延伸率 | % | ≤3 | 置于夹具上做拉伸试验（结果与设计标准相比） |
| | 3 | 地基承载力 | 设计要求 | | 按规定方法 |
| 一般项目 | 1 | 土工合成材料搭接长度 | mm | ≥300 | 用钢尺量 |
| | 2 | 土石料有机质含量 | % | ≤5 | 焙烧法 |
| | 3 | 层面平整度 | mm | ≤20 | 用2m靠尺 |
| | 4 | 每层铺设厚度 | mm | ±25 | 水准仪 |

表 4.13　　　　　　　　　　机织模袋布检验成果表

| 序号 | 检测项目 | | 计量单位 | 设计指标 | 检测结果 | 单项判定 |
|---|---|---|---|---|---|---|
| 1 | 单位面积质量 | | g/m² | ≥260 | 269 | 达标 |
| 2 | 断裂强力 | 经向 | kN/m | ≥50 | 62 | 达标 |
| | | 纬向 | | ≥40 | 596 | 达标 |
| 3 | 断裂伸长率 | 经向 | % | ≤35 | 24 | 达标 |
| | | 纬向 | | ≤30 | 26 | 达标 |
| 4 | CBR顶破强力 | | kN | ≥5.0 | 6.3 | 达标 |
| 检验结论 | 该样品经委托检验，所检项目符合设计指标要求 | | | | | |

（9）模袋混凝土质量控制。

1）质量控制。

坡面的平整度：纵横两个方向高差在2m范围内不超过5cm。

混凝土坍落度：每2h抽测1次，实测坍落度为（设计值±1）cm。

模袋混凝土的充灌厚度：在充灌完后用探针插入模袋检测上、中、下部三点的峰、谷厚度，取平均值。

抽样检测混凝土抗压强度：按30m³为一组（不足30m³也抽1组）在充灌口随机抽取混凝土试料1次，装入小模袋中（与施工的模袋材质相同），吊置15～20min后成型1组抗压强度试件，标准养护，28d龄期抗压强度大于混凝土强度设计标号。标准养护，28d龄期抗压强度大于混凝土强度设计标号。

2）质量检测。土工模袋混凝土质量检测项目和标准见表4.14。

表 4.14　　　　　　　　　　土工模袋混凝土质量检测项目和标准

| 序号 | 检测项目 | 质量标准 | 检测频率 | 检测工具和方法 |
|------|----------|----------|----------|----------------|
| 1 | 土基坡比/% | ±5 | 10～20 延米测 1 横断面 | 钢尺、测深锤 |
| 2 | 土基平整度/mm | 水上 100，水下 150 | 10～20 延米测 1 横断面 | 2m 靠尺，潜水员手摸 |
| 3 | 土基顶、底部高程/mm | −20～+40 | 10～20 延米测 1 横断面 | 水准仪 |
| 4 | 土基密实度 | 符合设计要求 | 200m² 抽测 1 点 | 环刀法 |
| 5 | 相邻模袋拼接处与所垫土工织物搭接宽度/mm | ≥500 | 每块上、中、下各 1 点 | 钢尺 |
| 6 | 模袋混凝土厚度/% | −5～+8 | 每块上、中、下各 1 点 | 探针、钢尺 |
| 7 | 模袋混凝土顶、底部高程/mm | −20～+40 | 10～20 延米测 1 横断面 | 水准仪 |
| 8 | 模袋混凝土顶部宽度/mm | ±20 | 10～20 延米测 1 横断面 | 钢尺 |
| 9 | 相邻块缝宽/mm | ≤20 | 上、中、下各 1 点 | 钢尺 |
| 10 | 混凝土表面平整度/mm | 水上 100，水下 150 | 200m² 抽测 1 点 | 2m 靠尺 |
| 11△ | 模袋混凝土强度 | ≥设计强度 | 每班 1 组或 100m³ 混凝土 1 组 | 随机取样 |

（10）护底施工。主要施工内容为河床清淤、开挖和长管袋铺设、充填，其满水库防护工程采用泥沙泵充灌、带水施工：

1）将泥浆泵、水泵安置于河床施工区外侧、取砂点附近，接通电源、调试正常。

2）用水泵抽取河水冲击砂堆、稀释河砂。

3）将底层长管袋灌口朝上铺设，第 2 组边侧压在第 1 组的搭接布上，以此类推。

4）将输送软管插入第一组长管袋的灌口，扎紧袖口，抽取稀释后的河砂充填入内。

5）灌至 80％饱满后停泵、拔管、扎紧袖口，换至第 2 组按上述方法、依序充填。

6）下层充填 3～5 组后，对齐铺设上层冉行充填，方法同底层。

7）上层充填 100m 左右，将格宾网石笼分层铺设、装填满石料压载。

（11）工程效果。

据统计，工程护岸总长 2822m，模袋混凝土护坡完工总量 9407m³，实际工期 16.9d，日平均冲灌 557m³；长管袋护底随坡跟进施工，完工总量 138.55 万 m³，实际工期 36.7d，日平均充填 3.78 万 m³。比照浆砌石或现浇混凝土定额计算，缩短工期 60 余 d、节约投资 100 余万元。

据勘测，模袋混凝土护坡充填饱满、接缝密实，平均厚 306.5mm，平均强度 32.40MPa，分别超过设计指标的 2.17％、29.8％；长管袋护底与模袋下端的结合较为严实，长短偏差 30～70mm，充填厚 32.8～38.6mm，饱满度平均超过设计指标的 11.6％，完全满足工程防护要求，工程寿命比浆砌石或现浇混凝土至少可以提高 30 年。

其满水库防护工程建成后，有效阻止了该段河势演变，消除了其满水库和沙雅监狱的防洪安全隐患，与上述其他护岸工程一样，都经历了四次以上的洪水考验，运行良好，未发现质量问题和毁坏情况，其新颖、整齐、美观的外形现已成为塔里木河沿岸一处处美丽的人造景观。

（12）经验与建议。

1）高强硬度的模袋混凝土刚性护面能够抵抗堤身土壤的冻胀、沉降、滑动、剪切和来自水的浮托、冲击力，起到稳定和保护堤身作用；高强韧性和大体积重量的连体柔性充砂长管袋护底能够阻挡水流对基土的冲刷淘蚀，并随着地基沉降变化而变形保护，两者结合、刚柔相济形成了堤坝从顶到底的整体、长效防护，奠定了该技术的优良性，是一项极具推广价值的护岸新技术。

2）模袋混凝土整体稳定性好、使用寿命长，抗冲刷、抗冻胀、抗冰推性能高，施工不受气候、水质影响，无需围堰排水可水上、水下直接作业，且机械化程度高、速度快、用工少、材耗低、质量易于保证、不需经常维修，充砂长管袋的柔性大、护底效果好、施工快、取材方便，尤其适合塔里木河护岸工程这样气候恶劣、地质复杂、地点分散、点多线长、质量要求高、砂源丰富和施工环境差、工期短、季节性强的类似地区或工程。

3）化纤模袋不同于传统模板之处在于它的高模量、高密闭性可承受 3.0MPa 以上的膨胀压力而不破裂，使充填混凝土的密实度得以增加，高泌水性及保湿性能在混凝土冲灌时将多余的水分泌出并阻挡水泥颗粒流失，从而快速降低水灰比，使充填混凝土的强度得以迅速发挥和提高，以致模袋混凝土成龄后的实际强度要大于理论强度的 28％ 以上。建议在一般性模袋混凝土防护工程设计中适当降低混凝土厚度要求，或在混凝土中掺合一定比例的高分散性无机纤维来增大混凝土的强韧度，以减少胶材用量、降低工程造价。

4）模袋混凝土护坡上下端部抗滑稳定措施的妥当与否，是影响护面持久安全的主要因素。其满水库防护工程是采取上端嵌入坡顶稳定槽，下端水平延伸 1.0m 至河床上、其上铺设两层充砂长管袋和两层格宾网石笼压载稳定。由于模袋混凝土属于刚性、立体结构，下端直接铺设于松散稀软的河床泥土上基础虚弱，且充填后高于河床平面 0.3m（充填厚度），其截面与铺压的长管袋底面形成几何空间，该空间或会形成渗流通道而致基土流失，长期淘蚀易造成模袋混凝土底脚悬空，并在其上压载的重力作用下断裂、坍塌。若将河床平面高程提高至模袋混凝土下端充填后的厚度水平一致，模袋混凝土下端水平铺设的 1.0m 再延长 0.5m 左右弧形向下埋入基土，其下反滤垫层布随模袋延长至端部冉反向包裹，埋固沟槽回填密实，长管袋铺设于平面一致的河床与模袋混凝土之上，则效果更好。

5）充砂长管袋的强度指标主要是满足冲灌时的膨胀和冲灌后的承重应力。一般采用泥沙泵带水冲灌的泵送压力在 0.1～0.3MPa 之间，袋体所承受的膨胀应力随着水分的泌出而消弱；承重应力主要来自充填后的自身重力和压载物体的压力，这种应力在动态时达到峰值，并随着载荷的稳定而下降静止；根据该工程长管袋的载荷计算，所需材料的极限拉伸强度约为 35kN/m，而聚酯长丝机织土工布制成的长管袋单位面积质量在 150g/m² 即可达到。建议在类似工程设计中适当减小材料强度和重量要求，以降低材料成本、节约工程投资。

6）连体褥垫式充砂长管袋的连组线间距小、排列紧密、充填后弯曲性弱，每组覆盖面积有限，相互之间依靠边侧搭接布铺压连接，如遇沉降变形时易产生滑移错位或悬空形成防护缺口，且管径小、层数多、形状排列困难，充填施工量及难度大、速度慢、效率低。建议在类似工程设计中适当增大管袋容积直径和连组线间距或改铺一层，每组相邻管袋交错搭铺，以减少材料用量和充填施工量及难度、增加管袋弯曲性和整体性。

7）反滤垫层采用的机织/非织造复合土工布是由化纤有纺土工布与无纺土工布针刺复合

成一体的双面材料，具有强度高、延伸小、截面大、摩擦系数高、透水防堵、抗老化、耐酸碱和抗微生物侵蚀等性能，可起到反滤、加强、防滑、排水、抗沉降等作用，比使用砂砾石或单一材料的土工织物效果更好，建议在模袋混凝土护坡或其他防护工程中推广应用。

8）压载长管袋的格宾网石笼是一种涂塑钢丝编制而成，其防腐性能是依靠每根钢丝表面涂裹的一层塑料膜，由于钢丝端部没有也不可能全部涂塑包裹，且笼体在组装、搬移和填石过程中难免受到损伤，裸露的钢丝长期浸渍于塔里木河这样的高碱性水中，极易产生腐蚀性毁坏。建议在富含酸碱水（土）质的类似工程中，改用耐老化、耐酸碱、功能相同、价格低廉的聚酯或玻纤材质的土工格栅。

模袋混凝土护坡与充砂长管袋护底相结合的护岸新技术，在塔里木河干流河道治理工程中的成功运用，解决了塔里木河护岸工程地点多、岸线长、气候环境差、施工季节短的难题，有效地利用了当地丰富的河砂资源，提高了工程质量和寿命，降低了工程建设难度和成本，为类似地区的堤防工程建设提供了一项值得借鉴的经验。

### 4.6.3 格宾笼网护岸工程施工

（1）工程简介。塔里木河干流河道防护工程实施的有乌阿1号弯道防护工程、沙吉里克弯道防护工程、阿其克枢纽弯道防护工程、恰拉枢纽弯道防护工程、铁依孜弯道防护工程、中游输水堤防护工程、艾买塔可塔生态闸引水口防护工程等。其主要结构型式均为埽和平顺护岸两种形式，由土坝基、护坡和护根三部分构成，护坡和护根多采用格宾笼防护。

（2）格宾笼防护工程技术。常见的堤防防护结构，有混凝土、砌石护坡、挡墙等多种形式。对增强堤防的整体稳定、防洪抗灾起到了重要的作用。但刚性或者半刚性的结构特点是：易因种种不可抗拒的外作用而出现隐患，同时影响水质和水生态环境。

为此，在塔里木河上探索一种既可保护河岸、加固堤防，又可改善和维持水生态环境的生态形防护工程—格宾笼/网防护工程。塔里木河干流弯道格宾笼护岸见图4.27。

图4.27 塔里木河干流弯道格宾笼护岸

1）技术指标。钢丝：抗拉强度不大于380MPa；伸长率不大于12%；锌含量不大于250g/m²。涂塑：抗拉强度不大于25MPa；伸长率不大于180%；30%盐酸浸泡10d，无异样。

2）主要功能及应用范围。广泛应用于水利、公路、铁路和山体滑坡的治理及泥石流的防治、落石防护等。同时，兼顾保护和恢复自然生态环境的功能。

①亲水性：结构填充间的空隙为水与土之间交换创造了条件。②保护水生态环境：通过人工植被或自然生长，实现优化、美化环境，保持原有的水边生态环境。③稳定性和整体性好：单元结构之间紧密连接，成为一个整体的柔性结构。④透水性好：填充料系松散体，利于墙后填土内孔隙水的排出，有效降低墙后的地下水位。填充石料（碎石或卵

石）的粒径必须符合设计要求，蜂巢格网网箱应控制在 8～25cm，占 80％以上，其余以良好级配或碎石填满空隙；蜂巢格网护垫应控制在 5～10cm，占 90％以上，其余以设计要求为准。⑤耐久性好，使用寿命长：材料的热镀锌及包塑防腐处理使其使用年限长。⑥抗震性能好：箱笼为柔性结构，地震发生时结构内的松散填充料会自身调节适应变形，整个结构不会被毁坏。⑦蜂巢格网结构的可变更性强：在已有的结构上可自由地延伸或者在基础许可的条件下继续加高。⑧抗冲刷能力强：高速水流下，箱笼内的松散填充料即使有小的位移，也不会被水流带走，而是经过自身的调节达到新的平衡，同时单元结构之间的连接力也能使其更加牢固。具有独特的抗风浪袭击能力，蜂巢格网箱笼内填充料的空隙可以粉碎浪花，减小浪压力，当浪退下时可以破坏真空吸力，加上结构本身进行的微调，可确保工程的安全、稳定。⑨造价低：通常情况下造价低于混凝土结构，低于或接近浆砌石结构。⑩施工方便、迅速。

（3）在输水堤防护工程中的施工。格宾笼护坡工程施工组成分 3 个分项：基础处理、铺设土工布、格宾笼组装及填装。

1）基础处理。

①土方清基及开挖。土方填筑以前，施工单位严格按照设计文件进行土方清基，清基范围包括坝基、坝坡上的草皮、腐殖土、砂石等杂物，其清基边界应在设计基面线外 30～50cm，清基平均深度为 20～30cm，芦苇地清基深度为 50～80cm。

清基完毕后，按照设计文件要求对清基后的建基面进行平整及压实，压实宽度超过填土边界 0.3～0.5m，在填筑前将清基范围内坝基开挖线以下的树根、垃圾等全部清除，按设计要求回填密实。

开挖土方时利用水准仪与经纬仪相配合控制开挖边坡与深度，随挖随测，严格控制超挖，与设计断面基本吻合。土方清基采用装载机推运土方，土方开挖采用 1m³ 挖掘机进行开挖，88kW 推土机将土方推运至轮廓线 30m 以外的地方就近摊平。开挖时遵循从下游至上游分段依次进行，施工中随时做成一定的坡势，以利排水。

②土方填筑。坝体采用当地土质进行填筑，外坡 1：3，在前、后坝坡土料填筑时，由于填筑的厚度较薄，主要采用自卸车将填筑料拉运至坝顶填筑区域，顺坝坡翻卸，装载机推运至施工区域进行整平、填筑。每层填筑厚度不超过 25cm，平碾碾压至设计要求。局部大型机具难以到达处，采用人工配合 2.6kW 蛙式打夯机回填、夯实至设计要求。人工填筑时每层填筑厚度不超过 10cm。

2）土工布的铺设。土工布铺设前，坝坡面须夯实至设计要求。复合土工布可沿坝坡从一侧自上而下铺设。铺设时坝坡一定要平整，技术质量达到设计要求，无杂物，对土工布的焊接按设计要求进行，土工布的搭接宽度不小于 50cm。铺设时和铺设后，施工人员不能在上面攀爬。铺设时不能穿有凸钉的鞋施工，以保护铺好的土工布。所用土工布必须符合质量要求，并经检验合格后使用，土工布铺设好后不能裸露时间过长，以防变形硬化等。复合土工布铺设完工后，即可进行格宾笼装块石护坡工程的施工。

3）格宾笼组装及填装。格宾笼的连接应平整、均匀，接头连接整齐、坚固。螺旋连接线与网箱相同材质的覆树脂膜钢丝。单元网箱间隔网与网身成 90°相交，间隔网与网身的四处交角各双股绑扎一道，交接处采用连接线一孔绕一圈呈螺旋状穿孔绞绕连接。格宾笼绑扎时每隔 15～20cm 绑扎嵌固，中间进行八字拉接形成 1m×1m 较为规则的立方体格宾笼后沿施工线摆放。

格宾笼中装入块石，块石较大而平的一面摆在笼子周围，使格宾笼四周平直，避免出现凸凹现象，中间用颗粒较小的石块填塞紧密，格宾笼四周石料不能小于网孔尺寸。格宾笼最上一层石块摆放时，应大面朝上，保证格宾笼的平整，最后封闭格宾石笼。

格宾笼之间不得连接，为相对独立体。

### 4.6.4 混凝土灌注桩施工

根据对近期综合治理项目实施前已建塔里木河干流上水利工程的调查，发现一些水利工程常出现下沉、开裂、倾斜，接缝错位等现象，这些都是工程基础不稳定的表现，可以说，都是因为塔里木河干流地质条件差，工程坐落在松散物质构成上，又没有成功处理好基础造成的。塔里木河干流区域地质是第四纪松散沉积物，以沿河方向河床地质主要由粉细松散物质构成，主要是粉沙，局部夹有粉质黏土，从地质钻孔资料，地面以下 35m 内均为洪水冲积物，15m 深度内沙土均可液化，10m 以内不宜承重，需要进行地基处理。为此，就要考虑一种可靠的闸基础处理方法。随着近期综合治理工程的实施，从塔里木河干流工程建设和管理的经验来看，以钢筋混凝土灌注桩来处理闸基础，在塔里木河上是非常合适的，它具有：抗倾、抗滑能力强，工程量小，造价低，轻巧的特点，能很好地解决工程的基础稳定性问题。

但是，塔里木河干流工程地质条件差，地下水位高，水的矿化度高，会给钢筋混凝土灌注桩的施工和质量保证带来种种困难，质量常常难以保证。如果处理的不好，将来可能留下后患。

影响钢筋混凝土灌注桩质量的因素很多，混凝土灌注桩质量因果见图 4.28。

图 4.28　混凝土灌注桩质量因果图

对于塔里木河工程建设来讲，影响钢筋混凝土灌注桩质量的因素很多，但是最关键，也最难保证的是钻孔和混凝土浇筑两项施工工艺控制。根据"塔里木河向下游绿色走廊应急输水工程"中的喀尔曲尕混凝土大桥、乌斯满河进水闸所取得的工程施工经验，来谈谈混凝土灌注桩在施工中这两方面的问题。两项工程由兵团勘测设计院设计，作者曾负责两项工程的监理工作。

（1）钻孔的质量控制。钻孔的质量控制包括：孔位、孔径、孔深、孔底沉渣厚度等，这些因素将直接影响桩的完整性和质量。

1）孔位的控制。为得到准确的桩位，在施工前建立固定的测量控制点，以便在施工中随时可以较正。然后进行桩位放线，在每根桩的中心钉一木桩，设立孔口护筒要以木桩为依据。随后进行的钻孔和钢筋笼对中均依靠护筒来定位，孔口护筒的位置不能变动，转机定位要参照桩位，保证钻杆工作时的垂直度和稳定性是开转工作的前提条件。

2）孔径的控制。转孔的直径要保证比设计大 10cm 左右，塔里木河干流地质条件差，土质松散，可塑性差，地下水位高，因此，转机的选择和施工方法及进尺速度都很重要。根据已施工的灌注桩经验，采用回旋转较好，转 90cm 的孔径可选 70cm 的回旋钻头，进尺如太快，孔壁得不到钻头的固壁，很容易发生坍落，若进尺太慢，回旋转带动泥浆来回摆动，在地下水的渗压作用下，孔壁也易发生坍落，2～3m/h 的进尺效果较好，当然同时必须保证转杆和平台的稳定，尽量减少坍落。

3）孔深的控制。一般情况，转孔深度至少比设计大 0.5m 左右，每个灌注桩因地形的不同，孔深都不同，当钻头钻到要求的孔深时，应停机。用测绳大致探测，并用比设计孔径小点的钢筋圈自孔口放下，既检测孔径又检测孔深是否达到要求。

4）孔底沉渣厚度。钻孔完毕后，应清出孔内过多的沉渣，如不清理，在混凝土浇筑时，势必让太多的沉淀物混入混凝土中，将转头置于离孔底 2m 左右，持续空转，使沉淀悬浮起来，再用纯泥浆不断置换，注意抽水量和供浆量平衡，清除干净后，要投入少量的细石骨料来压孔底。

（2）混凝土灌注桩的浇筑。

1）钢筋笼的下吊。钢筋笼应在附近制作，保证吊起的钢筋笼纵向的垂直度和钢筋圈不扭曲，还须三向用力使其稳定，否则，易卡孔。

2）混凝土的浇筑（混凝土灌注桩的浇筑见图 4.29）。进行混凝土的浇筑，要严格按设计要求的坍落度拌和，应加入早强剂、速凝剂。在混凝土的浇筑时，要使送料导管始终埋在混凝土中 1.0m 左右，以免发生断

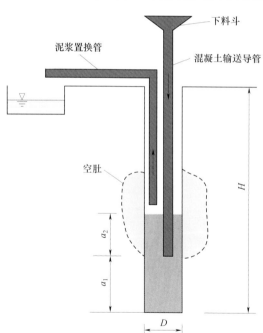

图 4.29　混凝土灌注桩的浇筑示意图

$H$—孔深；$a_1$—导管下端距孔底距离；$a_2$—导管埋入混凝土内深度；$D$—孔径

桩和空洞，如把导管放太深，混凝土输出不畅，太浅则混凝土中的水泥和细骨料被水离析，不能保证混凝土的质量。

每次下料都应复核应达到的深度，并实测达到的深度与计算是否符合，因实际的孔径状况无法看到，只能根据探测到的深度和计算情况来推断是否有空肚现象。拔出下料管的长度是根据以上情况计算来确定的，如果孔洞有空肚现象，应根据实测的深度推求下料管端的埋深，并保证导管端的埋深。首批混凝土灌注数量要经过计算，使其有一定的冲击能量，能将泥浆从置换管内排出，并能把混凝土输送导管埋入混凝土不小于1m深。首批混凝土量按下列公式计算。

$$V \geqslant 0.785D^2(a_1 + a_2)$$

式中　　$V$——第一次灌注混凝土量，$m^3$；

　　　　$D$——孔径，m；

　　　　$a_1$——导管下端距孔底距离，m；

　　　　$a_2$——导管埋入混凝土内深度，m。

混凝土灌注桩浇筑的高程要考虑一定的超高，以便在凝固后清除上部的浮浆和强度达不到要求的混凝土后，高程能达到设计要求，必须以完整的混凝土与上部其他结构结合，在浇筑过程中，应密切关注孔口，当有水泥砂浆混合着泥浆从孔口排除时，说明浮浆层已接近孔口，根据计算验证高程，同时可用测钎进行探测，以能感到测钎端头与混凝土骨料接触来验证计算结果。

3）地下水对灌注桩的影响。塔里木河干流上、中游地下水位高，矿化度高，渗流量大，对灌注桩的质量有一定的影响，因为塔里木河单项工程规模相对较小，若考虑排水，费用太大，控制孔壁和孔洞无水较困难，一般不考虑排水控制。施工中应注意保持孔中孔壁的压力平衡，孔中静水位大于或等于地下水位，钢筋宜用螺纹钢以避免和减少钢筋周围的渗水通道，混凝土须用特种水泥以抗碱水对灌注桩的侵蚀，严格控制导料管的埋深，以减少混凝土中水泥细骨料的离析，并相应增加混凝土的标号。

塔里木河干流水利工程建设，用混凝土灌注桩来处理工程基础稳定性问题，能达到较好的效果。

# 4.7　博斯腾湖输水工程施工

## 4.7.1　工程概况

博斯腾湖东泵站位于博斯腾湖西南角，距原孔雀河2km多的已建西泵站东侧，距西泵站轴线距离650m，西距巴音郭楞蒙古自治州首府库尔勒64km。工程主要由引水渠、围堤桥、拦污桥、进出水池、主副厂房、厂区永久围堤等组成。引水渠、拦污桥、进出水池、主厂房布置在一条轴线上，副厂房包括中央控制室和降压站。

博斯腾湖东泵站是博斯腾湖扬水站二期工程，博斯腾湖扬水站控制灌溉面积80.29万亩，抽水流量90$m^3$/s。一期工程即西泵站已于1982年建成投产。博斯腾湖东泵站建成以后，东、西泵站联合调度，成为有机整体。东泵站设计抽水流量45$m^3$/s，加大抽水流量54$m^3$/s，东泵站设计装机容量5×1100kW。

引水渠、拦污闸、进水池、主厂房、出水池布置在一条轴线上，副厂房顺水流方向布置在主厂房的右侧，变电所采用户内式。东泵站纵轴线由进水池一直向湖心延伸，渠长968m，采用梯形断面。在引水渠临近泵站进水池处，为了运行管理、检修、消防等交通和清污机平台要求设置了拦污桥。拦污桥采用开放式钢筋混凝土整体箱室结构，共5孔，栅孔净宽5.3m，顺水流方向长20m，栅室总宽32.5m，拦污栅底板高程1041.40m，闸顶高程1049.50m，顺水流方向依次设有电动回转式清污和4.5m宽的清污机平台交通桥，交通桥的车辆设计负载为汽车－20级、挂车－100级。

进水池位于拦污桥的后边，全长24.2m，宽30.65m，分斜坡段和平直段两段，结构形式为中间分离式底板，两侧为扶壁式挡土墙。

主厂房内共安装5台机组，水下部分采用湿室块基型，肘行进水流道，虹吸式出水流道，顺水流方向长29.9m，垂直水流方向长34.15m，主厂房底板高程1038.20m，电机层楼板高程1051.60m。靠进水池侧设有检修闸门，闸门孔尺寸：宽5.1m，高4m，采用单向机启吊，门机轨距2.5m，工作桥面宽7.5m，主厂房靠出水池侧，设驼峰出水流道，在驼峰顶部设置有长35.65m，宽4.28m的真空泵房。

出水池紧接主厂房后，全长20.41m，净宽32.6m，结构形式为中间分离式底板，两侧为悬臂式挡土墙，分为10.14m，斜坡段和10.00m平直段。平直段池底板高程1047.60m，斜坡段坡度1：6.5，底板高程由1047.60m升至1049.16m。边墙顶高程1053.00m。

根据《水利水电工程等级划分及洪水标准》（SL 252—2000）的规定，博斯腾湖东泵站工程规模为最大(2)型，工程等别为Ⅱ级，主要建筑物主厂房、拦污桥、副厂房为2级建筑物，引水渠和护岸围堤为3级，临时建筑物为4级。

根据《水利水电工程等级划分及洪水标准》（SL 252—2000）第3.4.3条规定，确定东泵站主要建筑防洪标准为：设计洪水重现期为50年一遇，校核洪水重现期为200年一遇，次要建筑物防洪标准为设计洪水重现期为30年一遇，校核洪水重现期为100年。

博斯腾湖扬水站场地的地震基本烈度为7级，据《水工建筑物抗震设计规范》（SL 203—97）取工程设防烈度为7级。

### 4.7.2 工程特点

(1) 工期短强度高。按合同要求工期计算，施工日历天数只有455天，考虑新疆气候等因素影响，多年平均气温8.4℃；最高气温38.8℃，最低温度－30.7℃，汛期多年平均最大风速15m/s，历年风速最大值20m/s，沙尘暴天气4.6天，最低月平均气温12月、次年1月、2月平均气温分别为－8.3℃、－11.5℃、5.7℃，冬季根本无法进行施工，实际施工天数仅约300天，考虑混凝土施工条件则实际施工天数更少，而这么短的时间内要完成土方开挖415948.84m³，土方回填487826.03m³，混凝土浇筑33000m³（以上均为设计量），施工强度很高。

(2) 现场施工条件复杂，施工难度大。博斯腾湖东泵站工程施工作业场地狭窄，各个混凝土建筑物相对集中，全面开花施工互相之间干扰较大，另外由于实际情况复杂，设计变更较多，审批周期长，直接影响土方开挖施工及后续工作的正常进行，制约工程进度。

（3）高性能混凝土。由于博斯腾湖根据水质分析，湖水化学类型为 CI－SO4－K＋Na 型水，pH 值在 7.5～9.0 之间，属于弱碱性水，对于普通水泥有硫酸盐型弱—中等腐蚀，对抗硫酸盐水泥无腐蚀性；地表水及中上部潜水对普通水泥有强腐蚀性，对抗硫酸盐水泥有弱—中等腐蚀；下部层间水对抗硫酸盐水泥有弱腐蚀性，腐蚀类型均为结晶类硫酸盐侵蚀。采用高性能混凝土，其性能决定了对施工的高要求：精确拌和、难以下料、振捣困难、对保温保湿要求苛刻，增加了施工的难度。

（4）博斯腾湖水涨异常、水位偏高。由于 2003 年处于丰水年时段，博斯腾湖水位较高，库区水位比开挖高程 13.00m 之多，再加上沙土地质水浸后根本无法承载，直接影响各个部位的开挖施工和混凝土施工速度。

### 4.7.3 施工总布置

（1）布置依据及原则。

1）依照现有的国家及行业规程、规范。

2）根据工程特点、地形、地貌、对外交通条件及合同工期要求，结合当地气候、经济条件，尽量简化设施规模，降低工程造价。

3）所有施工用地、辅助设施及临时办公、生活区均布置在业主指定的区域内。

4）场地布置本着有利生产、方便生活、易于管理等原则进行，场内交通达到循环畅通的目的，并符合国家有关安全防火、卫生和环保等规定。

5）根据现场情况，按照分散与集中相结合、临时与永久相结合、施工与管理相结合的布置原则，合理安排施工场地。

（2）临时生活福利区布置。临时生活福利区布置在博斯腾湖扬水站办公楼背后 20m 的原仓库园内，经改造后区内布置有办公、食宿、娱乐、医务室等配套设施，以满足现场施工人员日常生活的需要。生活用电从扬水站办公楼附近的配电房接专线到福利区；生活用水从生活区后 100m 的博斯腾湖取水经过处理后供生活用水；生活区通信设施、交通便利，距施工现场 150m 左右。

（3）施工道路规划。

1）场外交通道路。厂外交通基本可满足要求，现已有沥青混凝土路面公路同 314 国道相通，距骨料场 25km。

2）场内施工道路。通过已有的对外交通道路可直接进入施工现场，泵站地区地势平坦，场内新建部分临时施工道路，即可满足施工期的运输要求。根据施工需要，修建 7 条临时施工道路，为路宽 7m 的简易砂石路面。

（4）水、电及通信系统布置。

1）供水。在西泵站进水池前方布置取水泵房，采用湖中明流取水方式。输水管线沿西泵站临时防洪堤布置，并埋于冻土深度（0.94m）以下，经水塔送至临建设施区和施工用水区。在拌和站布置一座 30m³ 的水池，并设保温措施。

2）排水。施工排水采用井点降水，共 28 个井点，每个井深度为 16m；在井点周围设排水沟通向两个集水井，经常性排水用两台 780m³ 的抽水机将明流和基坑渗水抽排在围堤外。基坑内采用边开挖边排水，排水沟内设集水井，排水沟和集水井随着基坑的开挖而调整、下降。

3）供电。本标段施工用电采用从扬水站进厂公路旁的35kV输电线路接变压器的方法供电，由业主建在距东泵站主厂房约210m处变压器低压接口引线至用电位置。施工作业面布置10kW的镝灯，作为主要施工照明设施；临建设施照明采用200W照明灯，临时油料库照明灯采用防爆灯具。

4）通信。为满足施工通信的要求，对外通信电话拟与当地邮电部门协调解决，在临时生活福利区装3部程控电话，沟通工地与外界通信联系。

现场通信采用20台对讲机联系。

（5）混凝土拌和系统。

1）系统确定。工程混凝土为高性能混凝土，拌和系统按5000m³/月生产能力设计，混凝土原材料按5天储量考虑，混凝土搅拌站安装两台强制式拌和机，型号分别为JS1000和JS750，生产能力为97.5m³/h，其设备性能均能达到上述要求。

2）系统工艺布置。按混凝土生产工艺及工程实际情况以搅拌站主站为中心进行配套布置。

①骨料储运设施。合格骨料从料场购买，自卸汽车运来直接倒至净料堆场，并及时用装载机堆料，以增加砂石料储量，净料堆场占地960m²，储量为2000m³，不同粒径的骨料用预制隔墙隔开。各骨料用装载机装运倒至PL1600配料机，配料机设有骨料仓、称量斗、集料胶带机等，配好的砂石料通过胶带机送至搅拌站主站。

②粉料储运设施。本系统现阶段考虑使用水泥和矿渣微粉。搅拌站使用散装水泥，散装水泥车运来后，空压机供风将水泥用管道输送至200t的水泥罐，水泥罐的水泥从底部卸下用上仰的管式螺旋机送至搅拌站的水泥称量斗。系统设袋装水泥库，供需要袋装水泥的施工部位使用。袋装矿渣微粉存于袋装矿渣微粉库，拆包后通过螺旋输送机、斗式提升机送至50t的矿渣微粉罐，再用上仰管式螺旋机送至搅拌站的称量斗。

③其他设施。为满足混凝土生产需要，在系统内设有空压房、外加剂房、电控室、储水箱、污水处理池、骨料装卸设备作业区和散装水泥卸料区等。

④供水供电。系统用水由施工总布置的供水管网供应，系统用电由施工总布置的电源供应。

（6）钢筋加工厂。钢筋加工厂占地面积1000m²，分为钢筋原材料堆放区，钢筋加工半成品堆放区及钢筋加工区。厂内设有值班室、工具房及加工车间，建筑面积为60m²。

（7）木材加工厂。木材加工厂与钢筋加工厂相邻，中间设物资仓库，占地面积800m²，厂内设置模板车间、细木车间、半成品及成品堆积区，并在厂内设置有值班室、工具房和防火设施等，建筑面积为100m²。

（8）试验室。试验室布置在混凝土拌和系统内，占地面积120m²，建筑面积80m²。

（9）机械设备修理厂。机械设备修理厂布置在机械设备停放场旁，内设金工、钣金、电工、电焊、汽修等车间，主要承担本标段所有施工机械设备的日常维护，标准零配件的更换、中、小修任务。占地面积700m²，建筑面积150m²，为简易工棚结构。

（10）机械设备停放场。机械设备停放场布置在钢筋加工厂北侧，主要用于机械设备的停放，其占地面积5000m²。

（11）仓储设施。

1）中心仓库。中心仓库布置在木材加工厂与钢筋加工厂之间，用于存放本工程各类生产、生活物资，占地面积800m²，其中建筑面积250m²。

2）临时油料库。根据施工进度安排需要，拟在木材加工厂以西布置一座临时油料库，以保证现场施工机械用油，临时油料库占地面积500m²，其中建筑面积80m²，为砖混结构。

（12）机电、金属结构设备堆放场。机电、金属结构设备堆放场布置在中心仓库北侧，与之相邻，占地面积5000m²，建筑面积200m²。

（13）土料堆放场和弃土场。土料堆放场布置在引水渠东侧，占地面积2万m²，主要用于土方开挖中可利用料的临时堆存。

（14）施工围堰布置。施工围堰沿湖岸布置，其顶面高程1051.90m，顶宽6.0m，上游坡1∶2.5，下游坡1∶2.0，最大堰高4.9m，可满足施工期的防洪要求。围堰分2段布置，一段布置在引水渠人行桥外侧临湖面；另一段布置在西泵站临时防洪堤与永久围堤的缺口段。

## 4.7.4 总体布置图及说明

东泵站工程总体布置见图4.30。

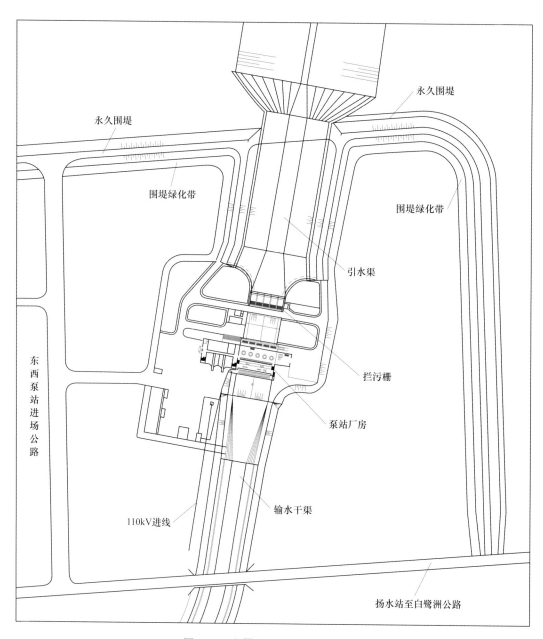

图 4.30　东泵站工程总平面布置图

### 4.7.5　主要施工方法

工程施工主要项目包括土方开挖、主副厂房、引水渠、渐变段、拦污桥、进水池、出水池、金属结构安装、主辅机组安装等。

（1）土方开挖。土方开挖包括明挖和水下开挖，其中明挖包括引水渠、渐变段、拦污桥、进水池、厂房及出水池。

1）施工布置。

①施工排水。沿基坑开口线 4m 布设环型井点，井点间距 20m。迎水面适当加密，共 28 个井点，打井深度地面以下 16m，造孔直径 700mm，井上部分 4m 范围内用普通混凝土管，抽水设备选用 QY－25 型潜水泵，流量 15m³/h，扬程 25m，配套电机功率 2.2kW。环型井点外侧 8m 外侧挖 3 条排水沟，断面尺寸（150＋120）cm×120cm，排水沟总长 820m，将水引至上游排水沟。在引水渠位置加一个集水坑，布置一台潜水泵集中抽排至湖中。基坑内排水在每层开挖面四周挖排水沟，上游布置三个集水坑，布设潜水泵抽排至明沟中。

②弃渣场及施工道路布置。根据施工总平面布置，左岸弃渣场为施工主弃渣场，靠近左岸围堰弃土，由左岸成型道路弃渣；右岸布置两个堆料场，结合厂区回填进行备料。

③施工用电。施工用电采用扬水站进场公路旁的 35kV 输电线路接变压器的方法供电。施工作业面布置 10kW 碘钨灯，作为施工照明设施。

2）施工方法。

①施工测量及技术交底。土方开挖前，测量队按照设计图纸并结合现场施工负责人意图进行施工测量放样。

②覆盖层开挖。因施工区段为原湖底沉积物，覆盖层为淤泥质黏土，因此首先将整个开挖范围降至高程 1046.00m。覆盖层开挖采用 D85 推土机堆料集中，反铲装车，自卸车运输的方法进行，按规定弃至指定弃渣场。

③土方开挖。覆盖层开挖结束后，从下游向上游采用后退式分层施工，每层层后 3m 左右，采用反铲配自卸汽车进行开挖，按规定弃至指定备料场。开挖时应严格按照图纸施工，由于各个施工段建基面高程不同，因此建基面开挖时，应严格控制底部高程，避免超、欠挖。

④削坡及保护层开挖。在施工时应遵循自上而下，分层分段施工的方法进行，分层开挖时先挖成台阶，然后进行边坡削坡，削坡时预留 20cm 保护层，由人工削坡。

3）水下开挖。水下开挖采用搅吸式挖泥船进行开挖。

（2）主、副厂房结构施工。

1）工程概况。主厂房长 34.65m，宽 31.90m，底板开挖高程 1036.70m，齿槽开挖高程 1035.20m，进水流道上口胸墙高程 1043.86m，进口底高程 1038.20m，叶轮安装高程 1041.90m，电机层高程 1051.30m。副厂房位于主厂房右侧，基础尺寸为 37.8m×28.3m，为框架结构，墙体为 M5 混合砂浆砌筑 MU2.5 空心陶粒混凝土砌块填充墙。结构基础为回填砂砾石。主要结构包括阀板基础、框架柱、楼板层以及上部装饰结构。

2）施工布置。对外交通、施工用水、施工用电、混凝土拌和系统，用场区施工布置即可满足要求。

3）施工分层。施工分层以主厂房的结构及运行特点为主要根据，主要分为底板、进水流道、联轴层、电机层、出水流道及上部结构。

4）施工方法。

①混凝土运输。混凝土垂直运输：混凝土由布置于厂房左侧的塔吊承担垂直运输任务。汽车吊（长臂反铲）布置于厂房上游及右侧起辅助垂直运输任务，作为塔吊覆盖面以外部分的补充。进水流道采用混凝土输送泵。混凝土水平运输：拌和系统到基坑的 1 号临

时道路作为汽车吊浇筑混凝土的运输道路，通过4号路到厂房下游侧，至塔吊部位。混凝土采用5t自卸汽车水平运输。

浇筑部位道路布置：随着主厂房混凝土浇筑高度的上升，厂房回填及时进行，在厂房上游及右侧形成道路，供汽车吊就位。

②混凝土浇筑。底板混凝土浇筑由右侧向左侧台阶式推进浇筑，横向条带控制在2m左右，台阶高40cm，台阶宽度1.0～1.5m，共分两个台阶，浇筑过程中台阶接头位置随时用湿麻袋覆盖，以保证接头质量。浇筑第二层底板混凝土由下基坑1号临时道路运至基坑，由两台长臂反铲垂直运输至仓内，由上、下游向中间浇筑，在仓中间合龙。流道部分浇筑，由右向左分层浇筑，均匀上升，两侧高差不超过0.5m，保证流道模板两侧均匀受力，不移位、不变形。流道模板吊装见图4.31。

图4.31 流道模板吊装

墙体浇筑采用台阶式单向推进。排架柱模板采用钢管四周锁定，浇筑过程中可以在中间开窗，以利于混凝土浇筑密实。楼板梁采用钢管排架支撑于底板或下层楼板上，模板采用厚5cm木板拼装作骨架，上面再铺设成品木模板，梁的位置可采用钢模板，边角用木板补齐。预先考虑钢管挠度的影响，模板高程可以比设计略高0.5～1cm。楼板、梁柱混凝土的浇筑采用塔吊配吊罐入仓。

（3）引水渠结构施工。

1）工程概况。引水渠施工范围为DQ0+682.462～DQ0+929.7，全长247.238m。其中DQ0+682.462～DQ0+712.462为引水渠扭面段，渠底由16m渐变为6m，渠道边坡由1:3渐变为1:10，渠底高程1041.42m，渠道底板厚15cm，板底铺土工布，分缝宽4m×4m，缝宽2cm，板间分缝采用焦油塑料焦泥进行填缝，相邻块错缝布置。

2）引水渠主要施工方法。

①施工前应对原地面进行夯实、整平及基础验收。

②土工布及苯板施工。立模前进行土工布及苯板的铺设，土工布接头搭接50cm，摊铺时应留有一定余边。苯板应该拼接方正，接缝严密，铺设平整，无断角。

③模板施工。竖向模板采用16号槽钢，水平模板采用木板，模板四周上用插销固定。

立模前必须严格按混凝土结构物的施工详图测量放样，四个角点打高程桩并拉线，确保模板高程。采取跳仓立模，模板内衬苯板条以利于分缝、拆模。模板拆除应控制混凝土强度达到 2.5MPa，并能保证其表面及棱角不因拆模而损坏时才能拆除。

④混凝土施工。混凝土浇筑应在模板工程及土工布铺设验收合格后进行。混凝土拌和应严格按批准的混凝土配合比进行，其投料顺序、拌和时间及称量误差应控制在规范允许的范围之内。混凝土运输包括水平运输、垂直运输，运输过程应避免发生分离、漏浆，严重泌水及过多降低坍落度等情况发生。混凝土应用铁锹平仓，软管振捣器振捣边角，平板振捣器振捣中心。

⑤收面。开仓前在仓面四角打钢筋桩并测量高程，在设计高程点用线拉对角线以利收面平整，收面时应严格按照拉好的线来收面。用平板振捣器刮动收平后，再用滚筒碾平局部高点，大致平整后人工收面，先用木搓反复进行，直至达到密实、平整，最后用铁搓光面。

⑥养护。混凝土收面完成后，应立即覆盖塑膜保湿，当膜下无水分（干燥）时再对混凝土进行洒水养护，有条件的地方应进行流水养护，保持混凝土面湿润。当气温骤降时，应对混凝土进行保温，采用麻袋覆盖。

（4）渐变段结构施工。

1）工程概况。渐变段连接引水明渠和拦污桥，桩号 C0－96.3～C0－56.3，渐变段分为三节，开挖基础高程 1039.60m。设计垫层混凝土厚 10cm，底板混凝土厚 60cm。在挡墙基础下均需先回填砂砾石垫层并碾压整平。

2）主要施工方法。

①施工测量。由测量控制网引控制点至施工部位，并采取必要的保护措施，作为各部位混凝土浇筑施工专用控制点，确保各部位施工测量的准确性。

②建基面或仓面验收。原始建基面开挖到位后，必须对地质、高程等质检项目进行复核、确认，并经设计、监理、业主等几方联合验收。

③混凝土结合层面的处理方法。混凝土结合层面的位置有水平和垂直面，水平结合层面的缝面处理：新浇混凝土人工打毛或用压力水将混凝土表层乳皮和灰浆冲洗干净，直到混凝土表面积水变清为止。冲毛时间按不同季节、不同标号，按实际情况确定。垂直结合层面的缝面处理用粘贴沥青杉板。

④钢筋制安。由钢筋加工厂按照设计图纸加工后运至现场，由现场钢筋工焊接、绑扎成型。

⑤模板施工。模板采用组合钢模板，模板规格 P3015、P1015 和角模板，圆钢管支撑，连接件配合内置拉条连接、固定，拉条间距 75cm，渐变段竖向立钢模板。

⑥混凝土拌和、运输、入仓。混凝土水平运输：拌和系统到基坑的 1 号临时道路及拌和系统到基坑边的 5 号、2 号临时道路作为混凝土施工运输的道路。混凝土采用 5t 自卸汽车运输。混凝土垂直运输：各部位混凝土采用 20t 汽车吊配 1m³ 吊罐入仓。自卸汽车将吊罐运至施工现场，再由吊车吊至混凝土浇筑部位。

渐变段挡墙底板混凝土分 6 仓浇筑，特别注意人工收面，弯段控制。先浇左边的三个仓，右边的两个仓从下游至上游依次浇筑。渐变段挡墙共分 20 个仓，每节挡墙分 4 仓自下而上浇筑，采取汽车吊在下面浇2仓，等拆模后回填，形成工作平台浇筑上部2仓。右边第一节挡墙待拦污桥浇筑结束后再浇筑。随着混凝土浇筑的上升，砂砾石回填及时跟进，回填以中细砂为主，大体积回填，形成吊车工作平台，填筑高度低于混凝土面30cm。

⑦砂砾石回填。砂砾石回填需在相应挡墙混凝土浇筑3d后进行，分层回填，每层高度0.5m，先回填至高程1043.60m平台，再到高程1045.60m平台，接着回填至高程1047.60m平台，最后填至高程1050.00m。回填前先在墙体刷冷底子油及沥青，后铺土工布，再回填砂砾料，最后回填中细砂。回填严格按要求分层碾压、取样，要保证砂砾料回填宽度和压实度，合格后方可进行上一层的回填。墙后填土高程1048.50～1050.00m范围内的回填土压实禁用大型碾压设备进行碾压，采用蛙式打夯机进行打夯，其最小作业范围为墙后7m范围。

（5）拦污桥结构施工。

1）工程概况。拦污桥连接渐变段和进水池，桩号C0－56.3～C0－36.5，基础顺水流方向长19.8m，宽33.5m。开挖基础高程1039.60m。设计垫层混凝土厚10cm。在基础下均需先回填砂砾石垫层并碾压整平。

2）主要施工方法。

①施工测量。由测量控制网引控制点至施工部位，并采取必要的保护措施，作为各部位混凝土浇筑施工专用控制点，确保各部位施工测量的准确性。

②建基面或仓面验收。原始建基面开挖到位后，必须对地质、高程等质检项目进行复核、确认，并经设计、监理、业主等几方联合验收。

③钢筋制安。由钢筋加工厂按照设计图纸加工后运至现场，由现场钢筋工焊接、绑扎成型。

④模板施工。模板采用组合钢模板，模板规格P3015、P1015和角模板，拦污桥墩头另制作钢模板，采用圆钢管支撑，连接件配合内置拉条连接、固定，拉条间距75cm。

⑤混凝土浇筑。混凝土水平运输：拌和系统到基坑的1号临时道路及拌和系统到基坑边的5号、2号临时道路作为混凝土施工运输的道路。混凝土采用5t自卸汽车运输。混凝土垂直运输：基础底板浇筑下游采用长臂反铲入仓，上游混凝土采用20t汽车吊配1m³吊罐入仓。

混凝土浇筑分别由上、下游向中间条带浇筑，铺料采用台阶法，铺料厚50cm，台阶宽100cm。浇筑过程中，注意保持老混凝土面的湿润和清洁。挡墙采用20t汽车吊配1m³吊罐入仓，每仓浇筑高度3m。

⑥砂砾石回填。砂砾石回填需在相应挡墙混凝土浇筑3天后进行，分层回填，每层高度0.5m。回填前先在墙体刷沥青漆，后铺土工布，再回填砂砾料，最后回填中细砂。回填严格按要求分层碾压、取样，要保证砂砾料回填宽度和压实度，合格后方可进行上一层的回填。靠近混凝土的边角采用蛙式打夯机进行打夯。

已建成运行的进水建筑物见图4.32。

（6）进水池结构施工。

1）工程概况。进水池连接拦污桥和主厂房，桩号C0－36.5～C0－12.3，顺水流方向分为3节，第一节、第二节顺水流方向坡比1∶6；第三节为水平段，进水池基础长

图 4.32　已建成运行的进水建筑物

49.75m，宽 24.21m，开挖基础下游高程 1036.10m，上游高程 1039.30m。

2）主要施工方法。

①施工测量。由施工部位专用控制点，对施工部位进行施工测量放样。

②建基面或仓面验收。原始建基面开挖到位后，必须对地质、高程等质检项目进行复核、确认，并经设计、监理、业主等几方联合验收。混凝土面必须进行凿毛处理，符合设计及规范要求。

③钢筋制安。由钢筋加工厂按照设计图纸加工后运至现场，由现场钢筋工焊接、绑扎成型。

④模板施工。模板采用组合钢模板，模板规格 P3015、P1015 和角模板，采用圆钢管支撑，连接件配合内置拉条连接、固定，拉条间距 75cm。

⑤混凝土浇筑。混凝土水平运输：拌和系统到基坑的 1 号临时道路及拌和系统到基坑边的 5 号、2 号临时道路作为混凝土施工运输的道路。混凝土采用 5t 自卸汽车运输。混凝土垂直运输：采用 20t 汽车吊配 1m³ 吊罐入仓。

进水池混凝土浇筑根据先近后远，先深后浅，垫层混凝土采用端退法由下游面向上游面通仓浇筑。底板混凝土分为 9 个仓，挡墙底板分为 6 个仓，采用 $\phi75$ 插入式振捣器振捣，最后人工收面。挡墙分 6 段，自下而上浇筑。从底板起每 3m 高分为一仓。

（7）出水池结构施工。

1）工程概况。出水池上接主厂房尾水平台，下游侧顺接扭面段至输水渠，基础尺寸为 40.6m×20m，地基面高程 1046.00m，建筑物顶高程 1052.90m，共分为两节，每节包括左右挡墙和底板两部分，底板设施工缝又分成左、中、右三块。结构基础为回填砂砾石，相对密度不小于 0.75。与主厂房连接部分采用 RW-370-8 全封闭型橡胶止水，结构分缝宽度 20mm。

2）主要施工方法。

①施工工艺流程。基础处理或施工缝处理→钢筋施工→模板施工→仓面清理→仓位验收→混凝土浇筑→混凝土养护。

②部位分仓及浇筑顺序。第一节左右挡墙→第一节底板左（右）块→第一节底板右（左）块→第一节底板中块→第二节左右挡墙→第二节底板左（右）块→第二节底板右（左）块→第二节底板中块。

③施工测量。由测量控制网引控制点至出水池边，并采取必要的保护措施，作为出水池混凝土浇筑施工专用控制点，确保出水池施工测量的准确性。测量精度应满足设计及规范要求。

④钢筋加工。由钢筋加工厂按照设计图纸加工后运至现场，由现场钢筋工焊接、绑扎成型。钢筋施工必须符合设计及规范要求。

⑤模板施工。模板采用组合钢模板，模板规格 P3015、P1015 和角模板，圆钢管支撑，连接件配合内置拉条连接、固定。建筑物不规则部分用木模制作或补齐。

⑥混凝土浇筑。出水池挡墙混凝土采用混凝土输送泵入仓浇筑。浇筑层厚按 30cm 控制。由 2 台混凝土搅拌车运送，由拌和楼运至厂房下游侧混凝土输送泵位置。再由 HBT－40 混凝土输送泵入仓，混凝土泵管水平接至模板边，再接弯管至仓内。

3）出水池底板的浇筑。出水池底板混凝土采用混凝土输送泵入仓浇筑。底板共分两层浇筑，每层按 30cm 左右控制。由 2 台混凝土搅拌车运送，由拌和楼运至厂房下游侧混凝土输送泵位置。再由 HBT－40 混凝土输送泵入仓。混凝土泵管水平接仓内，随浇筑的进行随时调整泵管出口的位置。根据底板设计高程在模板上画收仓线，根据收仓线人工收面，抹平收光。

（8）金属结构安装结构施工。

1）钢网架的安装。

①安装工艺流程。埋件检验→杆件平台组装成框架梁→支座、支托、垫板的连接→框架梁安装→调整、定位→梁间杆件的连接。

②准备工作。钢结构件按安装顺序，分类存放在平整坚实的场地。所有钢结构件在安装前，应会同监理工程师一道进行验收，只有验收合格且经监理工程师签字认可后，方可进行安装。校测业主提供的定位轴线、基础轴线、标高以及预埋件的位置等。检查基础混凝土的强度是否达到设计要求。搭设脚手架，高度以便于在屋底高程处操作，又不影响屋架的安装为宜。

③主厂房网架的吊装。主厂房网架用 10t 汽车运输到安装现场后，利用土建施工单位的塔机将杆件吊至行车拼装平台，按顺序进行吊装，在行车拼装平台进行连接、调整、固定等安装工作。

④安装要求。主厂房网架安装程序必须保证结构的稳定性和不导致永久性变形。钢屋架安装中，制孔、组装和涂装等工序严格按规定的工艺进行施工。对已预拼装过的构件，按预拼装的记录进行调整。钢构件的连接接头，必须严格检查后方可紧固或焊接。对于焊接和螺栓并用的连接，按先栓后焊的顺序进行施工。螺栓群按从中间向外的顺序施拧。钢构件在运输、存放和安装过程中损坏的涂层以及安装连接部位按规范的要求补漆。

2）桥式起重机的安装。

①桥式起重机的安装流程。基础埋件安装→轨道及其附件安装→调整、检测→运行机构安装→支腿安装→门架安装→起升机构安装、调试→电气设备安装、调试→穿钢丝绳→空载调试试验→荷载试验→桥式起重机涂漆。

②桥机轨道的安装。桥式起重机轨道安装前，对钢轨的形状尺寸进行检查，发现有超值弯曲、扭曲等变形时，矫正后方可进行安装。吊装轨道前，测量和标定轨道的安装基准线，轨道实际中心线与基准线的偏差满足图纸和规范要求。轨道安装时控制好轨距、轨道纵向直线度等。大车车轮要与轨道面接触，不应有悬空现象。两平行轨道的接头位置错开，其错开距离不等于前后轮的轮距。接头用连接板连接时，两轨道接头处左、右偏移和轨道面高低差不大于1mm，接头间隙不大于2mm，伸缩缝处轨道间隙的允许偏差为±1mm。轨道上的车档在吊装门机前装妥；同跨同端的两车档与缓冲器接触良好，如有偏差则进行调整。

③大车运行机构的安装。首先用25t汽车吊把组装合格的平衡台车架（即车轮组装置）吊入轨道上就位并固定，吊入下横支座，安装平衡轴装置。调整二组平衡架装置的位置，使每组车轮的同位差不大于1mm，每组车轮的水平偏斜不大于1mm，调试完成后将其固定并安装好支撑座。按同样的方法安装和调整同侧另一套运行机构，经检测合格后吊入组装完成并检验合格的下横梁与运行机构组安装。调整、测定运行机构的状况，使车轮的同位差不大于3mm，车轮的垂直偏斜不大于$L/400$（$L$为测量长度），车轮的水平偏斜不大于$L/1000$（$L$为测量长度）。经检查合格后定位固定并按同样的方法安装、调整、检测另一侧运行机构，按门机的跨度允差调整轨道两侧运行机构相互位置，使其跨度偏差不大于3mm，然后用可调辅助支撑将其连为一体，检查、调整运行机构的跨度偏差，车轮的水平偏斜、垂直偏斜、车轮的同位差等。运行机构安装合格后，安装好夹轨器等安全装置，开始门架总成的安装。

④门架总成的安装。门架总成主要由门腿、横梁、门架上平台组成。门架的大件吊装由汽车吊和塔吊完成。首先分别吊入门腿与下横梁法兰面相连，并安装好临时支撑定位，同时吊入中横梁分别与门腿安装。门腿安装、调整完成后，又一次进行全面测量，使其误差值在允差范围内，调整相互位置，测量平台的相关参数，经调整、校正达到要求后门架安装完毕，对大车运行、门架安装的检测情况作出完整、真实的安装质量记录。

⑤司机室的安装。分别把电气室、司机室吊入各自的位置进行安装。

⑥电气设备的安装。当机械部件总装到一定时候，门机的电气安装开始同时进行，电缆的敷设、电气配电柜、电气控制柜、各种保护限位开关等电器件的就位，电缆的连接线。

⑦桥式起重机安装要求。桥式起重机的安装采用汽车吊和塔吊共同分部件进行吊装。运行机构安装时，严格按规范控制运行车轮的垂直偏斜，车轮组对角线偏差等；门架安装控制门腿的垂直度、两支腿的高度相对差、门架的水平偏斜等；电气设备安装时，操纵室内无裸露的带电部分，穿线用钢管应清洁并涂以防锈涂料，全部电气设备不带电的外壳或支架应可靠接地以保证门机的安装质量。

⑧桥式起重机的调试与试验。

a.试验准备。设备安装完毕，经检查符合图纸技术要求后，可进行试运行，试验前必须检查所有的机械部件，连接部件，各种保护装置以及润滑系统的安装和注油情况，检查钢丝绳的绕向，检查所有的电气装置及电气系统的接线，固定，检查电动机的转向及转速等，最后还应用手转动各机构的制动轮，使最后一根轴旋转一周无卡阻现象。

b. 空载试验。空载试运转起升机构和行走机构分别在全行程内往返三次，检查并调整机械和电气设备的运行情况：做到电动机运行平稳，三相电流平衡；电气设备无异常发热现象；限位开关、保护装置及联锁装置的动作准确可靠；门机行走时车轮无啃轨现象；大、小车行走时导电装置平稳，无卡阻、跳动及严重冒火花现象；运转时，无冲击声和其它异常声音，钢丝绳在任何部位不得与其他部位相摩擦，制动闸瓦制动轮不得摩擦，间隙符合要求。

c. 荷载试验。按《水利水电工程启闭机制造安装及验收规范》（DL/T 5019—94）的规定要求作 1.25 倍静荷载试验和 1.1 倍动荷载试验。

静荷载试验：对起升机钩进行静荷载试验，以检验桥式起重机的机械和金属结构的承载能力。试验荷载依次采用额定荷载的 70%、100% 和 125%。

动荷载试验：对起升机钩进行动荷载试验，以检验各机构的工作性能及门架的动态刚性。试验荷载依次采用额定荷载的 100% 和 110%。试验时各机构分别进行。试验时，作重复的起动、运转、停车、正转、反转等动作，延续时间至少 1h。各机构动作灵活，工作平稳可靠，各限位开关、安全保护连锁装置、防爬装置等的动作正确可靠，各零部件无裂纹等损坏现象，各连接处不得松动。

3）机电设备施工。

①安装条件。确保安装部位的土建工程必须具备安装条件，通往安装现场的运输线路畅通，专业技术人员根据设计图样编制完成安装工艺及安装技术措施，以作为安装和质检的依据。

②编制安装工艺的主要内容。画出安装过程图，编制安装工艺过程卡，指明零件、部件的安装工艺路线，质量标准和检测方法，规定结构件的组焊工艺，工序控制及工序调整方法，设计部件安装用工装、夹具及卡具，制定金属结构件的表面处理和防腐措施，明确总装方案、试验、监控方法、调整手段。

③安装前的准备工作。准备好施工用的设备及工器具，并对设备及工器具作妥善保养。对已运抵现场的设备及备品备件、专用工具须作全面清点，如发现有缺损件，应立即找出缺损的原因，并作出相应的解决办法。进行设备检查，检查包括主水泵、主电机、主机、金属结构各组件、埋件的检查，检查构件在运输过程中是否发生变形，如有变形，应在设备安装前作适当处理，达到设计要求后，方可安装。进行设备清扫：清扫部件表面的杂物并在能转动部分加注适量的润滑脂。安装前应对安装的土建部位进行检查，交与安装的土建工程必须是经监理工程师检查合格的。

④主水泵、主电机的安装。主水泵、主电机到货后，会同监理工程师或业主，对照到货清单开箱检查其规格、数量、质量完好情况，并作好记录。

转轮与主轴组装完成后吊入机坑就位，转轮与中墩间加塞所需厚度的钢楔子板，借以调整转轮水平和高程。以测量转轮叶片与转轮室间隙的方法来调整和确定转轮中心，其间隙值由制造厂设计而定。转轮中心偏差控制在 0.05mm 左右，高程偏差控制在 0.5mm 以内。在主轴法兰 90°方向上垂挂 2 根带重锤的钢琴线，用以测量主轴垂直度，测量调整主轴垂直度误差不大于 0.05mm/m，并设固定转轮，防止主轴变动。

安装后导叶体（带导轴承的那段泵体）：以主轴为基准，找正泵体，以转达轮室上部组合面控制高程，找正完后安装基础螺杆、垫板，焊接牢固，浇筑二期混凝土。

后喇叭段及顶盖安装，先将后喇叭段和顶盖段在外组成整体并检验合格，在后导叶体二期混凝土养护 7d 后整体吊入安装就位，中心以主轴为基准调整，高度以后导叶体上环

为准。顶盖顶部基础安装固定后，浇筑二期混凝土。至此，泵体主要部件的安装全部结束。但是水导轴承、水箱盖等都不能安装，只有在盘车完成以后才能正式安装。

开始电机安装。电机安装必须在水泵顶盖就位后才能进行。原因是顶盖外径大于机架内径，无法通过机架吊入。吊入定子和机架，按预装位置精确就位（应有可靠措施），并固定牢固。这时定子铁芯中心，高程完全在预装时位置上。以防万一，此时也可重新挂钢琴线，对水泵主轴上端找中心，以此校核定子中心。若发现有较大出入时，应找出原因。

吊装电动机转子重量落在制动器上，使电机法兰与水泵法兰找正，连接两轴。安装推力机架、推力轴承、推力头、上导轴承，并将全部转动部分重量转换到推力轴承上。找正转动部件中心，使转轮间隙与电机空气间隙四周均匀，其误差在质量标准范围内。调整各推力瓦初步受力后，采用手动盘车，检测上导轴承处、集电环处、主轴法兰处、填料止水轴承处、水导轴承处摆度（双振幅）值，应符合有关规程规定。否则处理推力头绝缘垫，调整主轴垂直度。主轴法兰处曲折度，制造厂应该保证，否则修刮法兰处理。

部位摆度合格后，精确调整推力轴承受力和机组转动部件的中心，转轮间隙和电机空气间隙在最佳状态，以此时主轴中心位置为准。安装和调整电机上导瓦、水导瓦间隙，间隙值应符合设计要求。填料止水轴承应在上述二导轴承调整完后进行，保证主轴不变位。电机轴承安装完成后，测量推力瓦和上导瓦对地绝缘，其值不小于 $0.5M\Omega$。

安装水箱顶盖排水、保护罩、盖板、电机励磁线路、盖板、扶手栏杆。机组辅助设备油、水气系统设备和管道安装调试。所有电气设备、自动化系统、临时控制、保护系统安装和调试。机组启动之前须进行全面清扫、检查，防止可能发生疏漏。

4）水机设备的安装。真空破坏阀、压缩空气设备、水设备、油设备的安装严格按承包人提供的技术条款进行。

管道弯制、清洗和安装按下列要求进行。

①管子弯曲加工时，弯曲部分的内侧不允许有扭坏或压坏、凸凹不平等缺陷。管子弯曲后的椭圆率（最大外径和最小外径之差与最大外径之比）不超过 8%，管子的弯曲应用弯管机进行冷弯。

②需对接的管子，其端部应成对开 35°的坡口，与法兰焊接的油管，焊接时应与法兰对正，使两者轴线重合；焊接管接头的焊工持有国家劳动部门颁发的水平固定和垂直固定合格证，并且用氩弧焊打底，焊后 100% 探伤，所有焊缝不得有气孔、夹渣、裂纹、未焊透等缺陷；焊后彻底清除毛刺、焊渣等杂物。

③管道连接时不得用强力对正、加热、加偏心垫等方法来消除接口端面的空隙、偏差、错口或不同心等缺陷；不得使污物进入管内，管子安装间断期间，应将管口严密密封。

④高压软管安装后不得有相对扭转。

⑤二次安装完毕后，通过自备液压泵对管道进行有压循环冲洗，冲洗时应先使管路与油缸分隔开，并用高压软管将管路连接成回路。冲洗液的冲洗速度应使液流呈紊流状态，并应尽可能提高。冲洗时间为 72h 以上，冲洗过程采用改变冲洗方向或对焊接处和油管反复进行轻打、振动等方法加强冲洗效果。

⑥管道弯制、清洗和安装符合《水轮发电机组安装技术规范》（GB/T 8564—2003）

中的有关规定，管道设置、布局清晰合理，减少阻力。

5）电气工程施工。

①电气埋件、埋管、接地及避雷针的制作、安装。

a. 根据设计图纸的技术要求，在生产营地完成电气埋件、埋管、接地连接件、避雷针等的下料、制作工作，以保证电气埋件、埋管、接地线及时、准确地埋设。

b. 设备基础及电缆管的埋设。高低压盘柜基础及变压器基础埋设按设计图和招标文件《技术条款》的规定进行。按设计图纸和有关规范的要求进行电缆管预埋，管子要求固定牢固，管口作临时封堵，以免管路堵塞。

②接地线敷设安装。按设计图纸和相关规程规范的要求，进行接地装置的施工，接地工程的隐蔽部分经监理工程师验收合格后方可浇混凝土或覆盖。

为保证安装质量和防止遗漏，工程的设备及设备构架接地安装，将由设备安装人员，随各部位的设备或设备构架的安装同时进行，其接地线的固定、接地体的连接型式将按照设备厂家和设计图纸的要求进行施工。

接地体、接地线的焊接按规范要求进行。焊缝外观：焊肉丰满，无咬边、夹渣等情况。焊后认真清理接头并涂刷沥青黑漆。

③设备运输、转运、就位方案。电力变压器、电气盘、柜等电气设备，用 25t 载重汽车运至现场，采用 M900 卸车和吊装。高低压电气盘、柜吊至变电所房外后，用手动液压叉车转运至其安装部位，按设计编号就位。电力变压器卸车后，采用滚杠，平稳、缓慢地将其转运至安装部位，然后利用其顶部预埋的吊环，采用导链将其吊装就位。

设备搬运时，防止外壳变形和绝缘受损，易损元件拆下单独搬运。照明器具运到相应的部位，搬运过程中轻拿轻放，避免损坏灯具。

④供电设备安装。

a. 电力变压器安装。变压器到货后，会同监理或业主，对照到货清单开箱检查其规格、数量、质量完好情况，并作好记录。变压器安装前，按规程规范要求进行外观检查。变压器就位安装时，保证基础槽钢中心线与变压器轮距中心线对正，偏差不大于 10mm。变压器安装完毕后，按设备说明书及规程规范技术要求进行电气检测与试验。各项检查及试验合格后，向监理工程师提交完整的安装、检测、试验记录。

b. 6kV 配电柜及 0.4kV 配电盘柜安装。会同监理工程师或业主、对照到货清单开箱检查其规格型号、数量、质量完好情况，并作好记录。外观应无损伤，柜内元件完好无缺，柜体无锈蚀，回路标志正确、清晰。

按设计编号将高低盘柜依次就位，并进行调整，确保盘柜的垂直度、水平偏差和柜间接缝的允许偏差符合招标文件及规程规范的技术要求。完成立盘后，盘柜基础框架连同调整块与基础槽钢采取间断焊接，使盘柜固定牢固、接地良好。

母线与设备连接时，瓷瓶不得受力，母线与母线连接处加工平整、无氧化膜，连接时涂抹导电脂，螺栓用力矩扳手拧紧。

开关柜内手车推拉要灵活，无卡阻、碰撞现象。机械连锁和电气连锁动作可靠，保证断路器分闸后，隔离触头才能分开。检查防止电气误操作的装置，动作灵活可靠。

盘柜安装及盘内母线配制、二次回路接线按设计要求完成后，根据设备说明书及规程规范的要求进行电气检测及电气试验。盘柜安装完成且电气检查、试验合格后，按要求提交详细的安装记录及试验报告给监理工程师，申请验收。

c. 隔离开关的安装。安装前先检查所有的部件、附件、备件齐全，无损伤变形及锈蚀。找准基点，校正水平和垂直，牢固的连接隔离开关的各支绝缘子，操动机构的零部件，转动部分涂以适当的润滑脂。安装完后，先进行多次手动分、合闸，检查各机构动作是否正常，固定牢固，操作轻便灵活，触点接触良好。

d. 避雷器及互感器的安装。避雷器安装前先检查外观，绝缘管壁无破损、裂痕，漆膜剥落，管口无堵塞，瓷套与铁法兰间的结合良好。避雷器安装时，开口端向下，垂直安装，安装方位使其出的气体不致引起相间或对地闪络，不喷及其他电气设备。放电记录器密封好，动作可靠，便于观察，放电器恢复至零位，隔离间隙电极的制作按产品的有关要求，铁质材料制作的电极镀锌。

互感器的安装前先检查外观，绝缘管避无破损、裂痕，漆膜剥落，铁心无变形，且清洁紧密，无锈蚀。水平安装互感器，并列安装互感器时排列整齐，同一组互感器的极性方向一致。接线时，电压互感器二次回路严禁短路，电流互感器严开路。

e. 电缆桥架安装及电缆敷设。电缆桥架安装对照设计图纸进行电缆通道埋件部位的清理，并按设计要求的尺寸进行放点，确定电缆支架、立柱的位置并将其焊牢，同时按制造说明书规定拧紧连接螺栓，并作好防腐处理。

电缆敷设：电缆敷设前测量实际路径，计算每根电缆的长度，合理安排每盘电缆，减少电缆消耗。高低压电力电缆，强、弱电控制电缆等按设计要求分层布置。电缆敷设时，将电缆盘架稳，电缆从盘上部拉出，不应使电缆有扭曲打折现象；电缆弯曲半径大于其外径的20倍。电缆穿管敷设时，不应损伤绝缘。穿管敷设完后，管口要封堵严。大容量单芯交流电缆不应单独穿入钢管内。电缆敷设完并挂牌整理好后，按设计要求，进行防火处理。

电缆固定：垂直敷设或超过45°倾斜敷设的电缆在每个支架或桥架上每隔2m要加以固定。水平敷设的电缆每隔5～10m以及电缆首末端及转弯处应加以固定。电缆桥架安装及电缆敷设完成后，按要求进行电缆电气检测和试验合格后，提交施工记录及试验报告，报请监理工程师验收。

f. 电气照明安装。设备办理领用手续后，会同业主及监理单位，对照到货清单开箱检查其型号、规格、数量、质量，并做好验收记录。按设计图纸的要求，安装照明分电箱，并保证分电箱固定牢靠，接地良好。按设计要求的尺寸安装开关、插座，固定结实；管卡固定牢实，PVC管的水平、垂直布置符合要求。芯线穿管时，用力适当、电线不打折，导线截面及材质符合设计要求。照明系统安装完成后按规程规范要求完成规定的电气试验工作，并作好施工记录和试验报告，按有关规定进行验收。

g. 观测仪表及相关软件的安装。仪表、软件安装前，先检查其外观是否完好，有无破损，仪表的精确度是否满足技术要求，仪表的测量范围，留有适当的裕度。仪表的安装严格按照《电测指示、仪表检验规程》（SD 110—83）、《电测仪表装置设计技术规程》（SDJ 9—87）的规定安装，水平及垂直安装时，误差不超过5％，固定牢固。观测仪表及相关软件的电缆安装，采用屏蔽软电缆。软件安装时，必需根据厂家的说明书进行相关软件的安装。根据用户需要，重新设计编写控制程序，使程序软件与设备配套，保证操作指令及应用程序按一定的优先顺序执行，保证各个输入输出装置同步协调工作。

⑤根据博斯腾湖东泵站工程电工设备安装工程的具体情况，应进行以下的试验和测试：对电机、变压器、断路器、互感器、套管、电力电缆、避雷器、隔离开关、接地开关、绝缘子、配电装置等按规范要求进行耐压试验；使用开关特性测试仪检测盘、柜的开关有关特性；使用电桥进行直流电阻测量；对一次、二次接线进行对线检查；使用接地电阻测试仪测量接地电阻；使用绝缘油测试仪检测变压器、开关的绝缘油；对变压器、断路器、互感器、套管、电力电缆、避雷器、配电装置等进行绝缘电阻测量和吸收比测量；使用继电保护测试仪测试和整定每一盘、柜各保护元件。断路器、隔离开关、接地开关、控制装置的操作试验。各项设备的接线相位；变压器空载损耗、空载电流的测量；变压器分接头开关及变比试验；变压器其它附属设备的试验；控制、保护、装置动作情况的正确性检查。东泵站高压配电装置见图4.33。

图4.33　气体绝缘金属封闭
开关设备（GIS）

（9）施工质量管理。

1）质量保证的组织体系。根据项目施工的实际需要和管理的需要，施工单位成立了以项目经理为质量第一责任人、项目副经理为质量主管第一责任人、项目总工程师为质量技术第一责任人的工程质量领导小组，质量领导小组办公室设在项目部质量安全保证部，并配备有丰富施工经验的质检、试验、测量工作人员。从项目经理直至作业人员层层签定《质量责任书》，将质量责任落实到个人。做到质量责任横向到边、纵向到底，形成一个严密的质量管理组织体系。

2）质量保证的检测体系。形成直接受项目经理领导的检测机构，配备充足的质检、试验、测量资源，积极与监理人配合协调，实行质检员全过程监控，试验员随机取样，检测、统计、试验工程师共同检验的完备的检测体系。针对本工程施工作业的具体内容，制定施工过程中的原材料试验程序、测量工作控制程序、单项工程验收程序取样试验工作程序、隐蔽工程检查验收程序、施工过程控制程序、检测质量保证程序等。质量保证的检测体系见图 4.34。

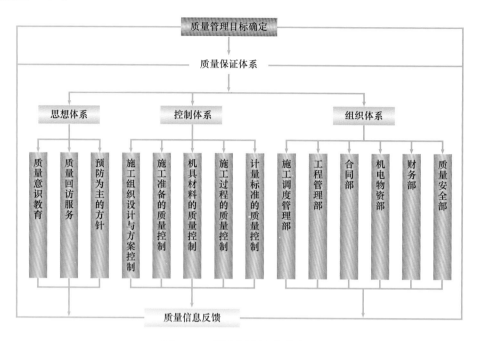

图 4.34　质量保证的检测体系

3）质量保证措施。为了确保工程质量，将由项目部工程管理部、质量安全部严格按ISO 9002 质量体系程序文件"质量计划编制指南"，编制本合同段的《质量计划》，并严格执行，以确保本工程的质量。

项目经理是本工程的质量第一责任人，对工程质量全面负责，确保工程质量目标的实现。

4）工程施工质量自检情况。在实施工程项目施工与管理的过程中，正确地处理质与量的关系。生产指标（任务）、进度（任务）完成后，检验质量是否合格，严格按标准、规范和设计要求组织、指导施工，没有出现因为抢工期而忽视质量的现象。

①原材料质量检查。各主要施工用材均严格按质量体系文件规定的《物资采购控制程序》及《试验、检验控制程序》要求，对其采购过程、检验过程进行严格控制。原材料检测数据汇总时段从开工至完工。

a. 水泥。工程现浇混凝土共用水泥约 8370t。所购水泥除具有出厂合格证 187 份、出厂检验报告 29 份外，并进行了现场抽检，共复检 32 组进行了物理性能检测，各项检测指标均符合质量要求。

b. 矿粉。工程共用矿粉约 5090t，所购矿粉除具有出厂合格证 28 份、出厂检验报告28 份外，并进行了现场抽检，共复检了 29 组，各项检验报告指标均符合质量要求。

c. 外加剂。工程共用减水剂约 104t、引气剂约 1.9t，所购减水剂、引气剂除具有出厂合格证及出厂检验报告分别各 6 份、3 份，并现场分别复检 10 组、5 组，各项检测指标均符合质量要求。

d. 钢材。工程所购新疆八钢公司和甘肃酒泉公司钢筋约 2030t，有出厂产品质量证明书 229 份，并对各规格钢筋进行了复检，钢筋原材、焊接件分别复检 225 组、203 组，各项检测指标均符合质量要求。

②中间产品质量检查。

a. 砂石骨料。砂、碎石主要用于现浇混凝土，砂、碎石（5～20mm、20～40mm）分别各检测 55 组、54 组，各项检测指标均符合质量要求，抽样检测频率符合检测要求。

b. 混凝土。工程共现浇混凝土 3.3 万 m³。项目部设置了专门的混凝土质检小组，混凝土拌和厂派驻专人，对其配料称量、拌和、振捣、成型进行全过程控制，由专职试验员抽查混凝土拌和物各项指标分别为配料称量 1025 组、砂子含水量 317 组、拌和时间 979 组、坍落度 979 组、水灰比 546 组、出机口温度 28 组；共抽取混凝土抗压试件 C20、C25、C30 分别为 245 组、208 组、23 组；共抽取抗冻、抗渗分别为 12 组、14 组；经对混凝土拌和物、抗压、抗冻、抗渗试件统计分析本工程混凝土拌和质量达到设计指标及质量要求。

③土工试验及钢筋焊接检测情况。

a. 土工试验。工程砂砾料回填 22 万 m³。砂砾料回填共检验 1020 组，均达到设计要求。

b. 钢筋焊接。工程钢筋制安 2030t。钢筋焊接共试验 131 组，均达到设计要求及质量要求。

## 4.7.6　高性能混凝土泵送施工

博斯腾湖东泵站工程为了抵抗环境水侵蚀，提高混凝土耐久性，厂房地面以下建筑物水工混凝土采用了掺矿渣微粉的高性能混凝土；从配合比、坍落度、施工工艺、泵送设备选型等方面，阐述了泵送高性能混凝土在施工中的应用；解决了施工场地狭窄，混凝土浇筑困难等问题，取得了成功经验。

高性能混凝土（HPC）是一种新型高技术混凝土，是在大幅度提高普通混凝土性能的基础上采用现代化技术制作的混凝土，以耐久性作为设计的主要指标。针对不同用途要求，高性能混凝土对下列性能重点予以保证：耐久性、工作性、适用性、强度、体积稳定性、经济性。为此，高性能混凝土在配制上的特点是低水胶比，选用优质原料，除水泥外，必须掺加足够数量的矿物细掺料和高效外加剂。东泵站场址地下水 $SO_4^{2-}$ 浓度最大值为 12728mg/L，对普通混凝土和抗硫酸盐水泥的混凝土都会产生强侵蚀，高抗硫水泥仅能抵抗的 $SO_4^{2-}$ 浓度为 8000mg/L。为此，建设单位委托新疆农业大学水利水电设计研究所进行东泵站工程混凝土抗侵蚀专题试验研究，泵站建筑物地面以下混凝土采用掺加不低于 40% 矿渣微粉和高效外加剂的高性能混凝土，解决混凝土侵蚀问题。泵送混凝土在水利工程中应用广泛，但在过去相当长的一段时间内主要泵送普通混凝土，对高性能混凝土泵送特性研究的少，因其泵送特性与普通混凝土有所不同，还处在探索阶段，掌握其泵送特性有助于施工企业根据工程特点选择合适的泵送设备，提高施工效率。

（1）工程水文地质条件。博斯腾湖东泵站为大（2）型Ⅱ等工程，设计抽水流量为 45m³/s，单泵流量为 11.25m³/s。站址区 35m 深度内地下水类型为第四系孔隙潜水，按其分布层位依次为表部潜水、中部潜水和下部层间水。由于场址区地下水埋深一般为 0.5

～1.0m，工程运行后基础均在地下水位以下，实测侵蚀离子质量浓度：东泵站工程场址部分水质指标测试结果见表 4.15。

表 4.15　　　　　　　东泵站工程场址部分水质指标测试结果　　　　　　单位：mg/L

| 水　层 | | $\rho$ ($SO_4^{2-}$) | $\rho$ ($Mg^{2+}$) |
|---|---|---|---|
| 洼地地表水 | | 12391.7 | 1378.6 |
| 潜水 | 浅部 0.2～0.8m | 4803.8 | 427.0 |
| | 中部 3.6～9.8m | 12728.0 | 780.0 |
| | 深部 13m 以下 | 3650.3 | 474.8 |

（2）抗侵蚀高性能混凝土和泵送施工工艺的选择。根据《水利水电工程地质勘察规范》（GB 50287—99）中"环境水对混凝土腐蚀判定标准"和东泵站工程场址水质测试结果，结合新疆农业大学水利水电设计研究所提交的《新疆巴州博湖东泵站工程混凝土抗侵蚀试验研究报告》，建设单位决定采用矿渣微粉高性能混凝土作为东泵站水下工程结构的混凝土材料。

由于东泵站混凝土主要浇筑仓都为大体积混凝土，浇筑仓面积大，钢筋密集，施工技术要求高，施工强度大，施工单位决定混凝土输送方式采用泵送。泵送混凝土是采用混凝土泵等泵送设备将混凝土沿管道直接推送到浇筑地点，是一种高效的混凝土运输方法。普通混凝土泵送已有比较成熟的施工工艺，通常粗骨料粒径 40mm 以下，坍落度在 18～22mm，含砂率在 40% 左右，水泥含量在 300kg/m³ 时混凝土可泵性好。相对普通混凝土，东泵站高性能混凝土拌和物有很大的坍落度，一般在 200mm 以上，当要求自流时，甚至可以达到 260mm 以上。高性能混凝土具有高流动性和可泵性，拌和物体积稳定、不离析、不泌水，适宜泵送施工。对于传统的混凝土，提高流动性一般通过加大用水量来实现，而用水量大的混凝土泌水、离析的倾向大。对于高性能混凝土，由于水胶比很低，使用高效减水剂来实现高流动性，掺入高效减水剂后，拌和物的流动性增大，容易泵送。在东泵站进水流道泵送浇筑时，因减水剂性能不符合要求，混凝土泵操作手操作不规范，输送管道布设不合理等原因，造成吸入效率低，泵送阻力大，致使频繁堵管，现场测量的坍落度和扩散度始终达不到规范要求。后经新疆农业大学水利水电设计研究所教授现场反复调试，最终将原设计配合比中的 KDNOF－A 型减水剂改为 KDNOF－1 型减水剂，混凝土坍落度和扩散度才满足规范要求，并改进了混凝土泵操作手的操作方法，重新调整了混凝土泵送管道的布设，尽量减少泵送混凝土输送过程中的阻塞压力，通过上述改进，泵送效果得到很大改善。在出水流道和副厂房混凝土泵送时，施工单位重新选用 HBT－A40 型混凝土输送泵，仍然使用 KDNOF－1 型减水剂，合理布设混凝土泵送管道，正确操作混凝土泵的输送过程，泵送系统稳定可靠，满足施工强度要求。

（3）高性能泵送混凝土配合比设计。

1）配合比选择。东泵站高性能泵送混凝土配合比设计由新疆农业大学水电设计研究所和新疆巴州水利试验室联合完成。根据对混凝土抗硫酸盐和镁盐侵蚀的设计要求，建设单位委托新疆天山水泥厂塔什店分厂生产东泵站高性能专用水泥，巴州水利试验室在东泵站常态混凝土配合比的基础上结合混凝土可泵性要求，设计出东泵站高性能泵送混凝土配合比见表 4.16。

表 4.16　　　　　　　　　　　　东泵站高性能泵送混凝土配合比表

| 编号 | 水泥品种 | 水胶比 | 矿渣微粉掺量/% | 砂率/% | 混凝土各项材料用量/（kg/m³） | | | | | | KD-1/% | KDSF/(1/万) |
| --- | --- | --- | --- | --- | 水泥 | 矿粉 | 水 | 砂 | 小石 | 中石 | | |
| T-1 | 天山 32.5普通硅酸盐水泥 | 0.30 | 45 | 40 | 244 | 199 | 133 | 740 | 721 | 388 | 1.0 | 0.6 |
| T-2 | | 0.30 | 40 | 40 | 266 | 177 | 133 | 740 | 721 | 388 | 1.0 | 0.6 |

注　T-1 和 T-2 为地下部分混凝土配合比。

2）高性能混凝土掺合料。东泵站工程掺入的矿渣微粉掺合料是泵送高性能混凝土中必不可少的重要成分，可提高混凝土拌和物的稳定性和抗侵蚀能力，同时，由于其粒径小、圆度好，可减少浆体与骨料界面的摩擦和对管壁的摩擦力，改善水泥浆的流动性，使混凝土的可泵性增强。

东泵站工程掺用矿渣微粉的化学成分及技术指标见表 4.17，矿渣微粉技术指标与检验结果见表 4.18。

表 4.17　　　　　　　　　　　　　　矿渣微粉化学成分表

| 矿渣微粉 | loss | $SiO_2$ | $Al_2O_3$ | $Fe_2O_3$ | CaO | $MgO_2$ | $SO_3$ | $M_2O$ | $K_2O$ | $Na_2O$ |
| --- | --- | --- | --- | --- | --- | --- | --- | --- | --- | --- |
| 质量比/% | 1.38 | 36.87 | 10.25 | 1.48 | 39.02 | 9.23 | 2.23 | 0.24 | 0.63 | 1.14 |

表 4.18　　　　　　　　　　　矿渣微粉技术指标与检验结果

| 项目名称 | 密度/（g/cm³） | 比表面积/（m²/kg） | 活性指数/% | | 流动度比/% | 含水率/% | $SO_2$/% | 烧失量/% | 级别 |
| --- | --- | --- | --- | --- | --- | --- | --- | --- | --- |
| 《用于水泥和混凝土中的粒化高炉矿渣粉》（GB/TB 18046—2000） | ≥2.8 | ≥350 | 7d | 28d | ≥95 | ≤1.0 | ≤4.0 | ≤3.0 | S75 |
| | | | ≥55 | ≥75 | | | | | |
| 新疆八钢铁厂矿渣微粉 | 2.93 | 430 | 59 | 95 | 108 | 0.5 | 0.22 | 0.3 | |

（4）混凝土试验及质量评价。

1）耐久性试验。

①抗冻试验。混凝土的耐久性是研究的一个重点，混凝土抵抗冰冻破坏的能力是判定混凝土耐久性的重要指标之一。该工程所处地区为寒冷地区，设计抗冻等级 F300。为满足混凝土的抗冻要求，必须在混凝土中掺加减水剂和引气剂。混凝土抗冻试验使用标准《混凝土试验规程》（DL/T 5150—2001），实验以 $n$ 次循环后的质量损失小于 5% 和相对动弹性模量大于 60% 为合格。不同等级的混凝土抗冻试验结果见表 4.19。

②抗渗试验。东泵站工程混凝土设计抗渗等级为 W6，试验方法按 DL/T 5150—2001规定进行。当压力加至 1.2MPa 时，六个试件均未出现渗水现象。说明混凝土抗渗性能很好。

| 序号 | F50 次 | | F100 次 | | F150 次 | | F200 次 | | F250 次 | | F300 次 | |
|---|---|---|---|---|---|---|---|---|---|---|---|---|
| | $RE_s$ | $\Delta m$ | $RE_s$ | $\Delta m$ | $RE_s$ | $\Delta m$ | $RE_s$ | $\Delta m$ | $RE_s$ | $\Delta m$ | $RE_s$ | $\Delta m$ |
| A-2 | 92.0 | 0.10 | 89.8 | 0.47 | 95.0 | 0.67 | 94.6 | 0.74 | 95.3 | 0.86 | 94.3 | 0.93 |
| A-4 | 81.2 | 0.35 | 86.8 | 0.54 | 81.1 | 1.06 | 82.3 | 0.48 | 83.6 | 1.08 | 75.3 | 2.10 |
| B-2 | 93.6 | 0.14 | 90.6 | 0.30 | 87.6 | 0.35 | 95.8 | 0.35 | 87.8 | 0.40 | 88.0 | 0.41 |
| B-4 | 93.0 | 0.20 | 87.3 | 0.52 | 83.2 | 0.78 | 89.7 | 0.87 | 87.6 | 0.92 | 85.4 | 1.00 |

注    $RE_s$ 为相对弹性模量；$\Delta m$ 为质量损失。

③抗侵蚀试验。东泵站环境水中 $SO_4^{-2}$ 质量浓度最大值为 12728mg/L，$Mg^{2+}$ 质量浓度最大值为 1378.6mg/L，具有强腐蚀性。试验按《混凝土试验规程》（GB 2420—81）进行，采用淡水与 $SO_4^{-2}$（13000mg/L）、$Mg^{2+}$（1400mg/L）侵蚀溶液进行比较，实验中两种混凝土见表 4.20，实验以抗蚀系数 $K \geqslant 0.80$ 为合格，混凝土抗侵蚀试验结果见表 4.21。

| 序号 | 掺 合 量 | | | | 水胶比 | 灰砂比 |
|---|---|---|---|---|---|---|
| | 水泥/% | 矿粉/% | 减水剂/% | 引气剂/‰ | | |
| 1 | 55 | 45 | 0.6 | 0.01 | 0.35 | 1：2.1 |
| 2 | 55 | 45 | 0.6 | 0.01 | 0.30 | 1：1.48 |

注    水胶比和灰水比均为质量比。

| 28d | | | 2个月 | | | 4个月 | | | 6个月 | | |
|---|---|---|---|---|---|---|---|---|---|---|---|
| FS（MB） | | $K$ | FS（MB） | | $K$ | FS（MB） | | $K$ | FS（MB） | | $K$ |
| $W_1$ | $W_2$ | | $W_1$ | $W_2$ | | $W_1$ | $W_2$ | | $W_1$ | $W_2$ | |
| 12.4 | 13.8 | 1.11 | 12.4 | 12.9 | 1.04 | 13.3 | 14.1 | 1.06 | 12.8 | 13.2 | 1.03 |
| 14.7 | 15.9 | 1.08 | 15.7 | 15.4 | 0.98 | 15.5 | 16.2 | 1.07 | 15.3 | 16.4 | 1.07 |

注    $FS$ 为抗折强度；$W_1$ 为淡水；$W_2$ 为 $SO_4^{-2}$ 及 $Mg^{2+}$ 侵蚀液；$K$ 为抗蚀系数，$K=$ 侵蚀溶液试件抗折强度/淡水同龄试件抗折强度。

从试验结果可知，掺 45% 的矿渣微粉和外加剂配置的高性能混凝土完全可以抵抗东泵站环境水的侵蚀。

2）质量评价。

①混凝土强度。根据不同部位、不同设计强度要求所配置的混凝土，东泵站工程混凝土强度试验结果见表 4.22。

东泵站工程混凝土强度试验结果满足 C30 最大设计强度指标要求。

②混凝土耐久性。国内外大量工程实践证明，因混凝土强度设计不足导致工程破坏的实例甚为少见，而因混凝土处于严酷环境中由于耐久性的不足导致混凝土内部结构破坏的实例颇为多见。因此，混凝土耐久性是决定其使用年限的关键。

表 4.22 东泵站工程混凝土强度试验结果

| 编号 | 拌和物技术性质指标 | | | | | 抗压强度/MPa | | | | 劈裂强度/MPa | 抗渗等级 |
| | 坍落度/cm | 黏聚性 | 析水性 | 含气量/% | 密度/(kg/m³) | 3d | 7d | 28d | 90d | | |
| --- | --- | --- | --- | --- | --- | --- | --- | --- | --- | --- | --- |
| B₁ | 7.0 | 好 | 无 | 4.6 | 2346 | 25.1 | 50.0 | 57.0 | 54.0 | 2.94 | >W12 |
| B₂ | 5.8 | 好 | 无 | 3.9 | 2368 | 23.5 | 35.6 | 53.0 | 61.3 | 3.65 | |

注  B₁ 为配合比为东泵站地下结构二级配混凝土强度指标；B₂ 为配合比为东泵站地上结构二级配混凝土强度指标。通过以上两组配合比试验以及以后钻孔取芯结果，混凝土的强度及密实度均高于普通的同级配、同强度等级混凝土。

高性能混凝土是以高耐久性为主要目标进行设计的混凝土，矿物细掺料和高效减水剂为混凝土耐久性的提高起到了决定性的作用。

东泵站工程在混凝土中掺入 45%~45% 矿渣微粉作为胶凝材料：一方面由于减少了水泥用量，水泥水化总热量也就减少，降低了混凝土的温升，混凝土的后期强度显著增长；另一方面矿渣微粉的细微颗粒均匀填充到水泥石孔隙中，提高了混凝土的密实度，阻碍了侵蚀性介质的浸入。此外，矿渣微粉对混凝土的碱骨料反应具有抑制作用。当矿渣微粉掺入混凝土后，不仅可以稀释水泥中的碱和 $Ca(OH)_2$，还可以在碱—集料反应之前，和碱反应生成分散的碱—钙—硅凝胶，缓解水泥浆体与集料的反应。从经济角度进行比较，天山（和静）水泥厂生产的 32.5 普通硅酸盐水泥出厂价格为 300 元/t，而新疆八一钢铁厂生产的"互力牌"粒化高炉矿渣微粉出厂价格为 200 元/t，较水泥价格低廉，因等量替代水泥，节约了工程投资，具有一定的经济效益。

高效减水剂是高性能混凝土必不可少的组成部分。正是因为掺加了高效减水剂，混凝土的拌和用水量显著降低，加上矿渣微粉的填充效应，混凝土的孔隙明显减少，密实性增加，抗冻、抗渗等耐久性大大提高，高耐久性的混凝土才得以实现。

以上各项结果表明，东泵站工程采用高效减水剂、矿物掺合料，通过对配合比的优化、优选配置出的高性能混凝土，在大幅度提高混凝土强度的同时，又实现了对混凝土工作性能及耐久性的改善和提高。

（5）施工控制。

1）原材料的质量控制。对进入工地现场的水泥、外加剂及粗细骨料进行检测和验证试验，保证施工所用材料合格。拌和混凝土之前，对粗细骨料进行含水率检测，将试验室配合比调整为施工配合比，以保证各掺配料按施工配合比准确加入。各项材料计量误差应符合规范要求，开盘前对电子秤进行零校核，并按周期进行检定。

2）外加剂。泵送高性能混凝土必须掺入高效外加剂，以改善混凝土和易性，提高混凝土流动性，增加可泵性，提高混凝土早期或后期强度等。泵送高性能混凝土外加剂的选用原则：视混凝土强度等级、施工要求、施工时间等不同而掺入。常温施工选可泵性强、早强型的外加剂；夏季高温施工选缓凝型、坍落度损失小的外加剂；冬期选防冻、早强、减水、引气型的外加剂。大体积混凝土选缓凝、抗裂型的外加剂。外加剂的掺入方法，一般分为先掺法、同掺法和后掺法，东泵站高性能混凝土为同掺法。

3）施工强度控制。东泵站副厂房基础混凝土浇筑总方量 1100m³，按照 20cm 浇筑层厚控制，本仓共计5层，按阶梯式每8m浇筑一层，每层最大浇筑量均为57.5m³，考虑混凝土初凝时间按3h控制，浇筑强度为20m³/h，最大浇筑需要强度为25m³/h。按照60m³/h的自动化混凝土拌和站生产能力和3台8m³的混凝土运输罐车及HBT-A40型混凝土泵的输送能力，浇筑强度可达到30m³/h，完全可以满足最大浇筑强度要求。按上述分析，每层浇筑时间按3h计，浇筑时间可以控制在60h内，考虑拆卸安装泵管时间，本仓实际浇筑时间为64h。

进、出水流道浇筑面积随高程变化，浇筑强度计算与副厂房底板相同，关键是计算出单层最大浇筑面积和方量，按照该层的浇筑强度配备设备和人员。

在浇筑混凝土之前，操作人员要进行技术交底。对参与施工的所有人员，分组、排班定岗、责任落实到每一个人，以保证施工顺利进行。泵送混凝土入仓后迅速平仓、振捣、定人、定范围，防止漏振。

4）混凝土拌和物检测。由于目前还没有一个完全针对高性能混凝土泵送的指导性技术规定，根据长期实践表明，在实际泵送高性能混凝土时，可以采用《普通混凝土拌和物性能试验方法》（GB/T 50080—2002）中的坍落度与扩散度检测方法，此方法既直观又简便，适用于现场施工质量控制；稳定性可以用坍落度（SL）结合扩散度（SF）进行估计和评价，当SF大，接近或大于1，说明泵送高性能混凝土拌和物黏稠，应调整外加剂掺量、胶凝材料掺量与组成或砂的粗细等；当SL/SF接近0.4时，表明工作性良好，适宜泵送；当SL/SF更小，即扩散度大于坍落度，表明拌和物中心有粗骨料堆积，发生离析和泌水严重的情况，此时应调整泵送高性能混凝土配合比及外加剂掺量甚其组分。东泵站泵送高性能混凝土现场检测的坍落度为16~22cm，扩散度在45~55cm，质检人员不定期对混凝土机口及入仓前的坍落度和扩散度进行检测，严格控制不合格拌和物入仓，确保拌和物的和易性满足高性能混凝土泵送要求。

5）泵送设备的选型和操作注意事项。为适应高性能混凝土的泵送要求，混凝土泵送设备制造商在提高高性能混凝土的吸入效率和泵送效率方面已进行了深入研究，研制出了适合高性能混凝土的泵送设备，主要提高了泵的吸料能力和泵送性能，但作为施工单位要正确选型，避免选型失误，造成经济损失。

设备选型时应注意下列3个方面：①常$C_{60}$以上，坍落度在16~20mm的高性能混凝土其泵送距离或高度只有普通混凝土的1/3~1/2，如泵送距离较长，应选择泵送压力较大的混凝土泵。②高性能混凝土泵送应注意所选设备混凝土泵的吸料能力，吸入混凝土能力差，易吸入空气，造成泵送效率低，甚至堵管。③如果混凝土坍落度小，流动性就差，还必须注意搅拌能力，一旦搅不动，泵送能力也会下降，必要时可向制造商提出操作。

东泵站2004年6月进水流道混凝土泵送时堵管频繁，后来施工单位重新选泵，操作手规范操作后，就很少出现堵泵现象。因此，泵送设备的合理选型和规范操作也是成功泵送的关键。

（6）经验与建议。东泵站工程应用高性能混凝土泵送技术，充分利用高性能混凝土的泵送特性，解决了施工场地狭窄，混凝土浇筑困难等问题，取得成功经验。

高性能混凝土的水灰比很低，自由水分少，矿物细掺料对水有更高的敏感性，在工程中容易发生塑性收缩而引起表面开裂。东泵站工程初期由于对高性能混凝土特性认识不足，混凝土养护没有得到重视，造成了局部混凝土温度裂缝的质量缺陷。在后来的施工过程中不断摸索，并从设计角度提出保温保水措施。施工单位在高性能混凝土终凝（开始常规养护）前保持混凝土表面的湿润，覆盖塑料薄膜和保温被，使东泵站的混凝土质量有了很大的提高。建议以后类似工程要严格进行温控设计，采取正确的保温保湿措施，从而有效控制裂缝产生，增强建筑物的耐久性。

# 4.8 水量调度远程监控系统工程施工

## 4.8.1 工程概况

塔里木河流域水量调度远程监控系统是塔里木河流域近期综合治理项目的重要组成部分。工程的建设旨在提高对塔河流域管理信息化水平，提升流域水资源统一调度和动态监测能力。项目总投资 9266 万元，建设总工期为 18 个月。主要工程建设包括：水文站网、工程监控、地下水生态监测、信息化平台。

（1）水文站网建设 29 座水文站，其中新建 6 座，改扩建 23 座。

（2）工程监控建设 27 处。

（3）地下水生态监测断面 19 处。

（4）信息化平台建设，1 个中心 7 个分中心。

塔里木河流域水量调度远程监控系统包括：现地测控系统、远程监控系统、视频监视系统、通信系统、计算机网络系统、供电防雷和机房改造等。塔里木河流域水量调度远程监控系统见图 4.35。

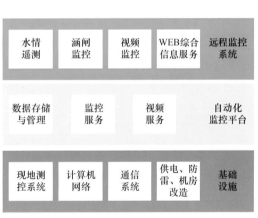

图 4.35　塔里木河流域水量调度远程监控系统总体框图

## 4.8.2 工程施工

（1）招投标过程。按照国家招标投的规定，工程施工和监理通过招标确定。项目法人在《新疆经济报》等媒体发布招标公告，并委托有资质的招标代理机构组织进行公开招标，经过评标委员会专家评标，推荐中标单位，由项目法人公布评标结果。塔里木河流域水量调度远程监控系统工程施工分七个标段：阿克苏河现地监控系统、叶尔羌河现地监控系统、和田河现地监控系统、开都河—孔雀河现地监控系统、塔里木河干流现地监控系统、远程监控通信系统、远程监控系统集成，监理分三个标段："四源一干"现地监控系统监理、远程监控通信系统监理、远程监控系统集成监理，中标结果如下：

监理单位：分为三个标段

第一标段：黄河工程咨询监理有限责任公司。

第二标段：新疆通信监理有限公司。

第三标段：新疆天衡信息系统咨询管理有限公司。

施工单位：分为七个标段

第一标段：陕西颐信网络科技有限责任公司。

第二标段：武汉联宇技术股份有限公司。

第三标段：南京南瑞集团公司。

第四标段：西安山脉科技发展有限公司。

第五标段：成都国科海博计算机系统有限公司。

第六标段：新疆特力电信实业有限责任公司巴州分公司。

第七标段：领航动力信息系统有限公司。

泄洪闸远程监控系统水位计安装见图 4.36；远程监控系统闸控系统安装见图 4.37。

图 4.36　泄洪闸远程监控系统水位计安装

（2）合同管理。项目公开招标后，项目法人与中标单位分别签订了施工合同。各施工合同主要以总价合同为主。项目施工、监理、设计均严格实行合同制，合同中明确了工期、质量目标、造价、资金拨付、变更程序等内容，明确对方的责、权、利等义务责任，明确图纸、资料、工程材料、设备等质量标准及工程质量条款。在该工程的实行过程中，参建各单位以合同文件、招投标文件、施工图纸作为实施依据，严格按照合同约定的内容进行工程管理。该工程无分包、转包现象。

图 4.37　远程监控系统闸控系统安装

### 4.8.3　工程完成情况

塔里木河流域近期综合治理工程从 2001 年开始，到 2012 年底基本结束，通过 10 余年的努力，完成了《塔里木河流域近期综合治理规划报告》中流域水资源调度及管理工程建设任务。在塔里木河流域的"四源一干"河流上建成了29座水文站,其中新建6座,改扩建23座;工程监控建设27处;地下水生态监测断面19处;信息化平台建设,1个中心7个分中心。这些工程的建成和投入运行,在塔里木河流域"四源一干"初步构造起了一个为水资源统一调度和管理服务的站网及信息化平台框架,为提高流域水资源科学调度和管理水平提供了保证。流域信息化平台见图4.38;流域监控平台光纤通信专网见图4.39;"四源一干"远程监视见图4.40。

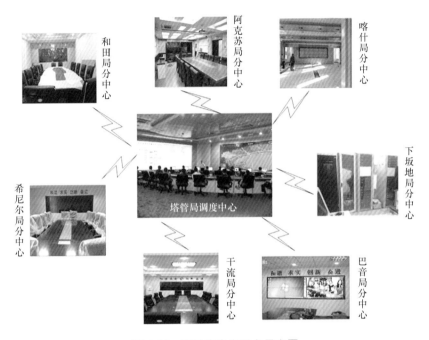

图 4.38　流域信息化平台示意图

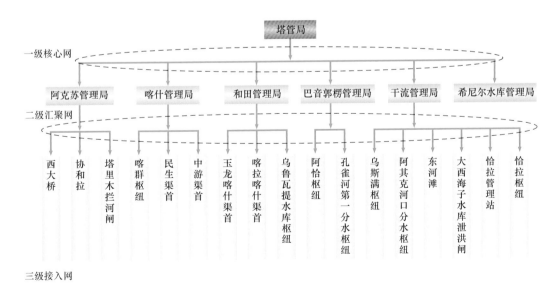

图 4.39　流域监控平台光纤通信专网

**127**

图 4.40　"四源一干"远程监视截图

# 4.9　拦河枢纽工程施工

乌斯满枢纽工程位于塔里木河中游的乌斯满河口附近，本工程由泄洪冲砂闸、左岸引水闸和下游沟通渠部分组成，泄洪冲砂闸和引水闸采用"八"字形布置，泄洪冲砂闸底板为无底坎的，引水闸底板为有底坎的，防冲型式均为垂直防冲墙。本工程泄洪冲砂闸及引水闸级别为 3 级，设计洪水标准为 30 年一遇，设计洪水流量为 $454m^3/s$，校核洪水标准为 100 年一遇，校核洪水流量为 $533m^3/s$，设计引水流量为 $55m^3/s$，加大引水流量为 $60m^3/s$。乌斯满枢纽见图 4.41。

## 4.9.1　水文地质

项目区潜水位埋深 1.30～3.50m，年变幅 0.5～1.0m，地下水位变化受河水位的影响，枯水期地下水位下降，洪水期地下水位抬高；含水层岩性以粉细砂为主。

根据水质分析结果及区域资料，枯水期项目区地下水矿化度较高，在 3.57～6.45g/L。地表水矿化度 1.36～7.03g/L，水化学类型主要为 $CL^- \cdot SO_4 - Na^+$ 型和 $CL^- \cdot SO_4^{2-} - Na^+ \cdot Mg^{2+}$ 型水，测区水质多数为半咸水。

地下水对混凝土结构具硫酸盐强腐蚀性，对抗硫酸盐水泥具弱腐蚀性；地表水对混凝土结构不具腐蚀性；地下水对混凝土中钢筋及钢结构具中等腐蚀性。

## 4.9.2　工程地质

乌斯满枢纽工程河段地层为第四系全新统，分为 4 层：上部第一层厚 2.10～2.30m 为低液限粉土、低液限黏土互层，夹薄层粉细砂，松散状态，承载力标准值 110kPa；第二层顶板埋深 2.10～2.30m，层厚 5.40～7.20m，为粉细砂层，呈灰色、青灰色，稍密

图 4.41 乌斯满枢纽

状，局部夹薄层低液限黏土和低液限粉土，载力标准值 140kPa；第三层 6.0～9.5m 为粉细砂层，呈灰色、青灰色，中密状态，承载力标准值 200kPa。

### 4.9.3　施工总体布置

乌斯满枢纽工程总平面布置见图 4.42。

各项临建设施布置分述如下。

（1）临时施工道路布置。

1）$L_1$ 临时道路：位于乡村公路旁拌合站及砂石骨料场地通往施工场地，用于运输混凝土，基配料运输路线，路长约 400m，挖机就近取土配合装载机碾压形成泥结石路面，作为施工场地土方开挖、混凝土运输施工道路。

2）$L_2$ 临时道路：在临时住房通往工地装载机平路面平整、碾压，用于生活区通往施工区域及钢材转运至施工场地用路，长度约 300m。

（2）风、水、电系统。

1）施工供风。在施工场地上配置 1 台移动式柴油空压机沿边坡引 $\phi$100mm 供风管至各施工作业面，供风管总长约 500m。另配置 1 台 3m³ 柴油空压机，根据需要在各用风部位附近布置。

2）施工供水。供水的项目有混凝土拌和系统、泥浆搅拌站、防渗墙成槽施工等。

①防渗墙成槽施工等施工用水。修建 1 个中间隔开上部可流通的容积为 200m³ 储水池储备制备好的泥浆，在深井架设 1 台清水泵用于泥浆搅拌站制备泥浆。架设 1 台泥浆泵从泥浆储水池，供浆至防渗墙槽孔，在防渗墙槽孔架设 1 台泥浆泵用于回收泥浆至泥浆池。

②混凝土拌和系统用水。系统设置 4 个 3m³ 的串联水桶储水，另在深井架设 2 台清水泵（其中 1 台备用，流量 10m³/h，扬程 68m，功率 4kW），从深井至拌和系统铺设 $\phi$50

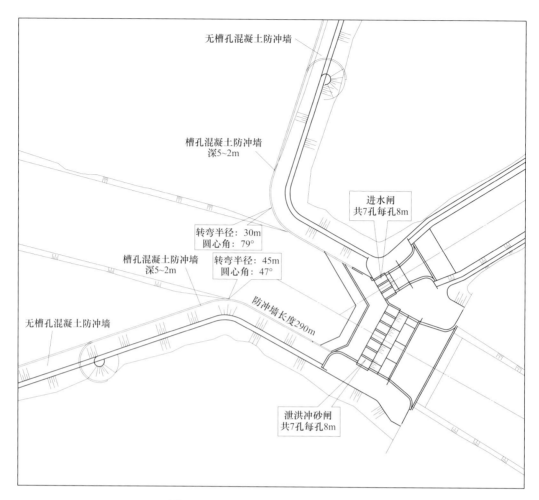

图 4.42　乌斯满枢纽工程总平面布置图

水管，总长约 200m。

③生活区用水。在生活区设置一座 3m³ 蓄水池，规格为长×宽×高＝2m×1.5m×1m。在深井架设 1 台清水泵（流量 10m³/h，扬程 68m，功率 4kW）从深井至生活区蓄水池铺设 φ50 水管，总长约 90m。

3）施工供电。因现场没有网电，为保证施工顺利进行，根据施工现场所需最大负荷，对应配备 3 台 160kW、2 台 50kW 及 1 台 20kW 的柴油发电机作为电源。

（3）制、供浆系统。在施工营地内设置膨润土泥浆集中制浆站 1 座，泥浆池容量 200m³，负责供应防冲墙造孔护壁泥浆。浆池采用砖砌结构，工程塑料布做内衬。配备 1 台 ZJ－800 型旋流式高速泥浆搅拌机，1 台 3PN 型泥浆泵负责将贮浆池中的泥浆输送至防冲墙施工平台。输浆干管采用 φ100mm 消防管沿防渗墙施工平台全程敷设，管路总长 1000m。用于引水闸防渗墙、泄洪闸防渗墙、闸前防渗墙抓孔护壁。

（4）混凝土生产系统。在距施工区域外 400m 临乡村公路处布置 1 座 JS750 型强制式混凝土搅拌站，理论生产能力为 45m³/h，用于本标段混凝土施工。混凝土水平运输采用混凝土搅拌车运输。本标段设置砂石料场地距拌和系统 100m 内，占地面积 3000m$^2$。水泥场地距拌和系统 50m，下铺隔潮层，上用篷布覆盖占地 500m$^2$，采用袋装水泥由汽车运送至工地。生产用电由柴油发电机向全系统供电。混凝土拌和系统主要设备见表 4.23。

表 4.23　　　　　　　　　　　混凝土拌和系统主要设备表

| 序号 | 名　称 | 规格型号 | 单位 | 数量 | 单台功率/kW | 备　注 |
|---|---|---|---|---|---|---|
| 1 | 混凝土拌和站 | JS750 | 座 | 1 | 30 | 含地面称量器 |
| 2 | 水泥仓库 | 1000t | 座 | 1 | | |
| 3 | 骨料提升斗 | | 台 | 1 | 7.5 | |
| 4 | 水泵 | | 台 | 1 | 4 | |
| 5 | 装载机 | ZL50 | 台 | 1 | | 3.0m$^3$ |

### 4.9.4　主要施工方法

（1）基础降排水。建筑物的基坑排水，闸基地层以粉细沙为主，渗透系数在 $2.8 \times 10^{-4}$ cm/s 左右，透水较小，施工时采用针井降水，确保施工过程中基坑安全、无积水。

对需进行降水作业的基坑进行初步基坑开挖，开挖深度一般以露出地下水位为宜。然后在闸基周围开挖线边各布置一排针井降水管。针井降水布置见图 4.43。

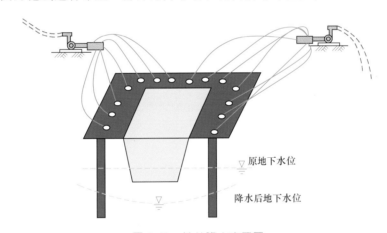

图 4.43　针井降水布置图

确定井点的深度，外围降水井的深度为 20m，基坑边缘部降水井采取 12m 深度，确保地下水位下降到基坑以下。

1）安装程序。井点放线定位—安装高位水泵—凿孔安装埋设井点管—安装抽水设备—试抽与检查—正式投入降水程序。

2）井点的施工安装方法。在土方明挖之前在降水井安装抽水泵，然后将地下水抽集中至下游沟通渠，使地下水位降至施工工作面高程之下，以至于拥有一个干燥的工作面。

当抽水设备运转一切正常后，整个抽水管路无漏气现象，可以投入正常抽水作业。开机后一个星期后将形成地下降水漏斗，并趋向稳定，土方工程可在降水 10d 后开挖。

3）基坑排水的经验与建议。

①土方挖掘运输车道不设置井点，这并不影响整体降水效果。

②在正式开工前，由机电队及时准备用电设施，保证在抽水期间不停电。因为抽水应连续进行，特别是开始抽水阶段，时停时抽，井点管的滤网易于阻塞，出水混浊。同时由于中途长时间停止抽水，造成地下水位上升，则会引起土方边坡塌方等事故。

③在抽水过程中，应经常检查和调节离心泵的出水阀门以控制流水量，当地下水位降到所要求的水位后，减少出水阀门的出水量，尽量使抽吸与排水保持均匀，达到细水长流。

④真空度是轻型井点降水能否顺利进行降水的主要技术指数，现场设专人经常观测，若抽水过程中发现真空度不足，应立即检查整个抽水系统有无漏气环节，并应及时排除。

⑤在抽水过程中，特别是开始抽水时，应检查有无井点管淤塞的死井，可通过管内水流声、管子表面是否潮湿等方法进行检查。如"死井"数量超过10％，则严重影响降水效果，应及时采取措施，采用高压水反复冲洗处理。

⑥井点位置应距坑边2～2.5m，以防止井点设置影响边坑土坡的稳定性。水泵抽出的水应按施工方案设置的明沟排出，离基坑越远越好，以防止地表水渗下回流，影响降水效果。

（2）土方明挖施工。土方明挖部位主要包括泄洪闸和引水闸的闸室、消力池、海漫段、闸前铺盖、挡土墙的基础开挖，总计挖方192800m³，挡土墙基础挖方约9683.88m³，泄洪闸下游沟通渠挖方130000m³。

1）下基坑道路分别负责土方开挖、土方回填和混凝土浇筑等，从上下游侧沿开挖基坑边坡各布置一条，道路纵坡8％，路面宽度6m。

2）下基坑路面处理。道路开挖修整成型后，进行适当碾压，提高地基承载能力。路面先铺一层砂壤土，以增强固结能力，上部铺一层石渣，碾压后形成泥结碎石路面。

3）施工准备。人员和设备进场后，一方面迅速做好物资和材料的准备；另一方面确定施工方案，详细规划施工顺序、进度和措施。

4）测量放样。在接受监理提供的测量基准点、基准线和水准点后，校测其基准点的测量精度，进行施工区测量控制网的布设、地形复测及各开挖控制点、开挖边线的放样。

5）覆盖层清理。正式开挖前将施工区、堆料场、弃渣场等范围内的植被、杂草、垃圾、废渣以及监理人指定的其他有碍物进行清理。场地清理完毕，采用推土机、反铲等设备，按监理人指示的表土深度进行开挖，并将开挖的有机土壤运到指定地点堆放，防止土壤被冲刷流失，并做好相关环保工作。

6）土方开挖。覆盖层清理完毕，重新测量放样，确定开口边线，做好标记后，即可开始土方开挖。土方表面采用推土机直接推运，将开挖料推运至开挖料堆放场。用5～8t自卸汽车运输出渣。开挖料运至堆料场就近分层堆放。开挖时注意做好下列几个工作。

①开挖过程中经常校核测量开挖平面位置、水平标高、控制桩号、水准点和边坡坡度。每层开挖前依据渠道中心桩测放开挖边界线，以便控制断面开口尺寸，使之符合设计要求。

②边开挖边按设计图纸形成马道和施工道路，以方便后续工程施工。

③由于开挖区上宽下窄，前期可投入较多设备，后期投入设备数量受场地限制，因

此，前期开挖保持较高的施工强度。

④ 槽孔薄墙和钻孔灌注桩部位可先开挖，但要留至少厚50cm的保护层，等桩、墙施工完毕后再开挖至设计高程。

7）坡面修整。机械开挖预留厚30cm保护层。在进行下道工序施工前采用人工进行开挖清理。削坡时按照测量标记，采用水准仪、定制标准直尺等配合施工，确保边坡整齐、美观，满足设计要求。

8）土方开挖的质量保证措施。

① 施工前必须做好充分准备。每隔20m测量一横断面，绘制详细的开挖图，标明标高变化的位置。测量放线时，在高程变化的位置设立明显的标志。开挖前进行书面技术交底。

② 开挖过程中，测量员必须跟班，配合工长指挥挖掘机施工，及时标明高程。

③ 机械开挖留出厚30cm的原土层，防止扰动边坡及基槽。人工清理时，按照测量员给定的高程，及时清理剩余土方。

④ 边坡自开挖之时起，随开挖及时清理护坡，并设专人观察边坡的稳定情况，防止塌方，造成不必要的返工。

（3）土方填筑及回填。土方填筑部位为1期上下游围堰填筑，填筑量22000m³；土方回填部位包括引水闸两侧为挡土墙后，回填量10899m³。

施工过程中，尽量利用开挖合格料直接填筑，减少二次挖装和转运，以降低成本；对不能直接填筑的堆存料，进行合理规划，确保填筑时土方供料的可靠性和均衡性。

挡土墙后回填采用合格开挖料，以挖掘机配合装载机整平，以振动碾碾压密实，紧临建筑物边缘2m范围内回填以平板振动夯机夯实为主。

在施工作业面长度达100m以上，基础经验收合格后，即可开始回填施工，8t自卸汽车运料至施工部位卸料，推土机平整，填筑层厚30～50cm。具体根据试验确定。

土料采用进占法卸料，施工时要注意控制填料中土块粒径不大于15cm。砂砾料采用后退法卸料，砂砾料或砾质土发生颗粒分离时，将其掺和均匀。砂砾料压实前根据试验结果均匀洒水，并力求达到最佳含水率。

卸料时将填筑料按要求填至规定部位，严禁将砂砾料或其他透水料与黏性土混杂，并设专人清除土料中的杂质。

（4）钻孔灌注桩。闸基采用钢筋混凝土灌注桩加固，桩径1.2m，单桩有效长度20m，钢筋制安33.81t，钻孔工程量560m，C25混凝土664.68m³。单桩施工程序见图4.44。

（5）施工测量。

1）开工前对业主提供的方格网平面控制坐标和高程控制水准点进行复核测量，复测采用高精度全站仪。

2）在施工区域布置施工测量加密控制网，加密网点埋设钢筋混凝土标墩。本合同工程的各轴线均设置了控制网，以便于施工，以上控制网报请现场测量监理工程师复核后使用，施工使用高精度全站仪测量。

3）施工中以承台为单位进行桩位放样，采用全站仪进行多点复核，做好钢筋四角护

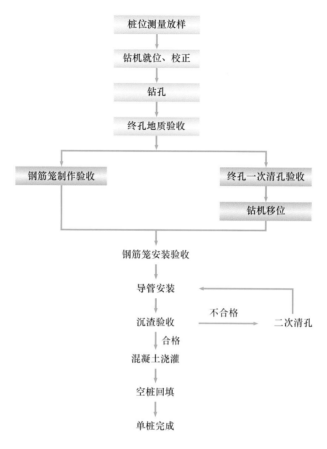

图 4.44 单桩施工程序图

心标记后报请测量监理工程师复核批准后，方可进行桩位护筒施工。

4）钻孔施工前经监理工程师对桩位护筒进行十字线中心复核并测记孔口护筒标高，报请测量监理工程师验收签证后才能进行钻孔施工。

（6）成孔施工方法。

1）施工工艺流程。根据本工程地质条件及施工特点，钻孔灌注桩施工采用 CZ - 22 型冲击钻机。钻孔灌注桩钻孔工艺流程见图 4.45。

2）成孔工艺措施。钻孔就位前，应对钻机的各项准备工作进行检查，包括场地布置与钻机坐落处的平整和加固，主要机具的安装和检查，配套设备安装与水电供应的接通等，钻机安装就位后，底座保持水平，顶端应与底座保持垂直，在冲击钻进过程中不应产生位移或沉陷，否则应找出原因及时处理，钻机安装时，其垂直偏差不应大于 2cm，采用 CZ - 22 型冲击钻机钻孔，钻孔严格按操作规程进行，根据钻孔地质剖面采用较快的提升速度，起重能力较大的卷扬机和质量较大的钻锥，钢丝绳和钻锥之间必须设置转向装置并连接可靠。钢丝绳应选用同向捻制、纤维芯、柔软、无弯折痕迹和断丝，安全系数大于 12。保持孔内具有规定的水位，泥浆相对密度、黏度和含砂率等各项技术指标符合要求，以防上部回填土塌孔，并及时详实地填写钻孔施工记录，钻孔发生故障应及时按规范要求进行处理。

**134**

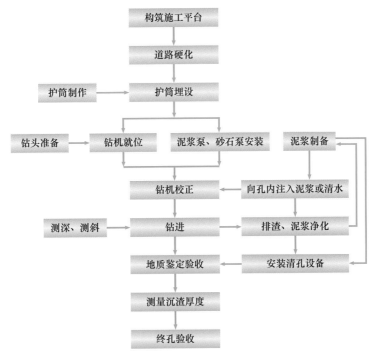

图 4.45　钻孔灌注桩钻孔工艺流程图

3）清孔。冲孔达到要求深度后，采用适当器具进行检查钻孔桩轴线、孔径、倾斜度、孔深，证实符合要求后立即进行清孔。在清孔排渣时，注意保持孔内水头，防止坍塌。清孔后孔内沉淀物厚度、泥浆相对密度、黏度、含砂率、胶体率要符合要求。

（7）钢筋笼制安施工。

1）施工工艺流程。钢筋笼制安施工工艺流程见图 4.46。

2）钢筋笼吊装方法。钻孔一次清孔完成后，采用 25t 吊车将钻机吊离孔后，然后将单节验收合格的钢筋笼运至孔口，25t 吊车起吊，多节钢筋笼采用孔口搭接焊连接安装。搭接采用单面搭接焊，搭接长度不小于 10d。焊接完成自检合格后，报请监理工程师现场验收，验收合格后，方可下入孔，在孔口的焊次数不多于两次。钢筋笼吊装见图 4.47。

钢筋笼应采用两点以上多点起吊，避免发生永久性变形。吊放要对准孔位，垂直下放，避免碰撞孔壁；在钢筋笼下放前在钢筋笼上应焊接定位块，以保证混凝土保护层厚度。另外，混凝土灌注时需

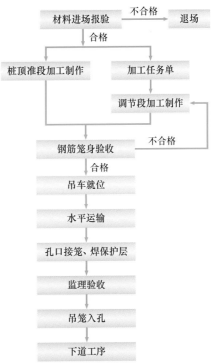

图 4.46　钢筋笼制安施工工艺流程图

图 4.47 钢筋笼吊装

采用吊钩和顶管以防止钢筋笼上浮。下放完毕后，将钢筋笼中心与桩位对中，平面位置要固定，设计笼顶标高满足设计要求。

钢筋笼在吊运过程及笼身入孔时，防止扭转、弯曲，要求吊直、扶稳、匀速、慢放，入孔中心位置准确，最终吊筋横担固定于护筒顶部孔口枕木上，然后进行下道工序导管安装。钢筋笼安装钢筋笼在施工现场运输时确保钢筋笼在运输过程中不变形。

下放钢筋笼前应进行检查验收，不合要求不准入孔；记录人员要根据桩号按设计要求选定钢筋笼，并做好记录；起吊钢筋笼时应首先检查吊点的牢固程度及笼上的附属物；钢筋笼入孔后应检查钢筋顶标高。

（8）混凝土施工。

1）施工工艺流程。混凝土灌注按设计要求，采用水下直升导管灌注混凝土的施工工艺。混凝土灌注施工工艺流程见图 4.48。

2）混凝土灌注。

① 混凝土灌注采用水下直升导管法，隔水塞使用直径略小于导管直径的球胆，利用吊车提升导管灌注混凝土。

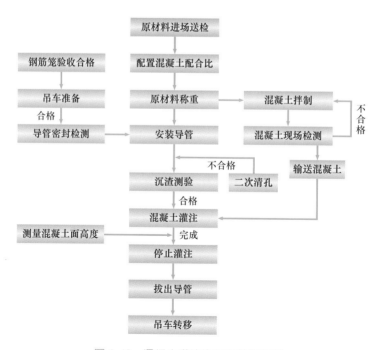

图 4.48　混凝土灌注施工工艺流程图

② 二次清孔完成且确认各项准备工作完成后，立即拆除连接导管的清孔管道系统，安装浇筑混凝土储料漏斗，并安装隔水球胆和隔水栓塞，准备灌注。混凝土坍落度为16～22cm，混凝土的强度等级：C25。

③灌注前，在孔口检查混凝土的坍落度和和易性，当坍落度满足水下灌注要求，并有较好的和易性时才能灌注。按照计算好的初灌量进行首次灌注，保证首次灌注后导管在混凝土中埋深不小于0.8m。

④当储料漏斗及浇筑吊罐内有足够的混凝土初存量后，提起隔水栓塞，打开吊罐料斗闸门，使混凝土连续进入导管内。此时，若孔内泥浆猛烈地溢出孔口，且隔水球漂起，证明混凝土顺利通过导管底面在孔内上升。

⑤混凝土灌注连续进行，避免中途停浇，确保孔内混凝土面的上升速度不小于2m/h。灌注过程中经常采用测锤、测饼、探测混凝土顶面高度，并适时提升拆卸导管，保证导管埋深2～6m，当混凝土顶面超灌桩长80cm或达到检测要求的浇筑顶面时停灌，拔出导管终浇。

⑥由于本工程地层粉细砂地层，在钻进过程中必须下设长护筒，在灌注孔内护筒以下混凝土时均匀浇筑，减小混凝土对孔壁的冲击力。在护筒内的孔段浇筑时必须保持在最短的时间内连续浇筑，以利于护筒起拔。灌注完毕之后要立即将护筒竖直缓慢匀速拔出，避免速度太快将泥块卷入桩身内。灌注桩施工见图4.49。

图4.49 灌注桩施工

⑦桩身混凝土强度应符合设计规定，每根试桩做混凝土试件1组3块，进行同条件养护。

（9）防渗墙施工。基础处理项目主要包括铺盖和海漫段下方防冲墙、闸基钢筋混凝土灌注桩。防冲墙为厚0.5m槽孔混凝土薄墙，上游铺盖处墙深4m，下游海漫处墙深10m，槽孔造孔1816 m$^2$，C25混凝土浇筑908m$^3$。根据现场交通情况允许，采用液压抓斗施工防冲墙。防冲墙施工平台布置见图4.50。

1）施工顺序。施工准备→测量放样→一期槽施工→二期槽施工→质量检查与验收。

2）施工工序。施工准备→主孔钻进→主孔终孔验收→抓取副孔→修孔壁→孔形验收→清孔→清孔验收→混凝土浇筑。

3）防渗墙各槽孔的施工顺序。在正常情况下，应先完成一期槽孔施工，再钻进二期

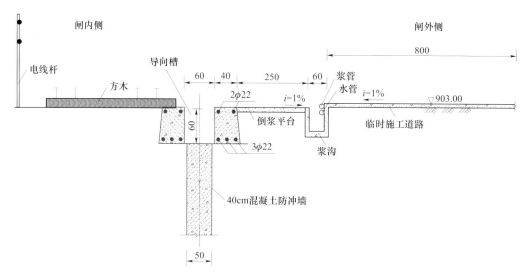

图 4.50 防冲墙导向槽布置示意图（单位：cm）

槽孔，并完成混凝土浇筑。

对造孔中可能出现的漏浆坍孔现象：一方面，调整泥浆配方，采用适宜的优质泥浆；另一方面，备用足够的黏土、锯末、木屑及堵漏剂等进行针对性的处理。在防渗墙施工平台形成后，由测量人员准确放出防渗墙轴线，并在适当位置布置控制点，进行施工期的检测和校核。槽孔混凝土成槽阶段施工见图 4.51。

（10）混凝土施工要求。乌斯满枢纽工程混凝土施工项目主要包括闸身、闸前铺盖、消力池、闸上交通桥、混凝土翼墙、房屋等合同规定的永久建筑物及临时工程中的混凝土和钢筋混凝土等工程。混凝土工程量为 8445m³，混凝土浇筑部位和分层较多，工期紧，按计划、保质保量完成混凝土浇筑任务，是本工程节点工期能否实现的关键所在。施工总的原则是先深后浅，先主后次，闸主体工程是控制整个工程进度的关键，因此，施工时以闸主体施工进度为主。上、下游连接段等施工为辅，统筹安排，穿插循环作业。施工时，结合建筑物的结构特点，采取分层分块施工。泄洪闸和引水闸施工程序见图 4.52。

乌斯满枢纽工程混凝土面广量大，混凝土浇筑质量对工程质量极为重要，为保证施工各项工作的正常开展，施工时，工程技术人员，在工程师的监督和指导下，严格按规程施工。

1）原材料的检验。

① 水泥的检验。每批运到工地的水泥应有厂家的品质试验报告，同时按国家和行业的有关规定，对每批运到工地水泥取样进行场内检验，检验取样以 200～400t 同品种、同标号水泥为一个取样单位，不足 200t 的也应作为一个取样单位。检测的项目包括：水泥标号、凝结时间、体积安定性、稠度、细度、比重等试验。运到工地袋装水泥如储运时间超过 3 个月，散装水泥超过 6 个月，应重新检验后再行使用。

② 外加剂的检验。配置混凝土所使用的各种外加剂均应有厂家的质量证明书，承包人应按国家和行业标准进行试验鉴定，贮存时间过长的应重新取样，严禁使用变质的不合格外加剂。现场掺用的外加剂溶液浓缩物，以 5t 为取样单位，对配制的外加剂溶液浓度，

图 4.51　槽孔混凝土成槽阶段施工

图 4.52　泄洪闸和引水闸施工程序图

每班至少检查 1 次。

③ 骨料质量检验。骨料的质量检验应在拌和场进行：到达施工现场的砂石材料按照规范及规程的要求，对材料的数量及质量进行检查，每到工地一批检查 1 次。每班至少检查两次砂和小石子的含水率，其含水率的变化应分别控制为砂±0.5％、碎石±0.2％的范围内；当气温变化较大或雨后含水量特变的情况下，应每两小时检查 1 次；砂的细度模数每次浇筑检查 1 次，其含水率超过±0.2％时，需调整混凝土配合比；骨料的超逊径、含泥量应每班检查 1 次。

④ 水质检查。拌和及养护混凝土用水，当水源改变或对水质有怀疑时应采用砂浆强度试验法进行检测对比，如果水样制成的砂浆强度，低于原合格水源制成砂浆 28d 龄期抗压强度的 90％时，该水不能继续使用。

2）混凝土的质量检验。

① 混凝土拌和物均匀性检测。混凝土拌和时间每浇筑班至少检验 2 次；定时在拌和机出口对一盘混凝土按出料先后各取一个试样（每个试样不少于 30kg），以测定砂浆密度，其差值不大于 30kg/m³；用筛分法分析测定粗骨料在混凝土中所占百分比，其差值不应大于 10％。

② 坍落度检测。拌和机口混凝土坍落度每浇筑班至少检验 4 次，仓面至少检验 2 次；混凝土入仓温度检验伴随坍落度仓面检验同时进行，试验室制取试件时，可同时测定坍落度。

③ 浇筑现场计量检查。原材料的配料计量每浇筑班至少检验 3 次，随时检查计量的衡器，并定期进行校正。外加剂计量每浇筑班至少检验 2 次，引气剂的含水量检验应控制在±0.80％以内。

④强度检测。现场混凝土抗压强度的检测以 28d 龄期试件边长 150mm 立方体成型试件 3 个，3 个试件取自同一级混凝土，混凝土质量检验以标准条件下养护试件的抗压强度为主，对于需作抗拉、抗冻、抗渗试验的块件按技术规范的要求或工程师的指示执行。抗压试件的取样规则按招标文件技术规范规定执行。取样应在拌和机出口处随机抽取，不得任意挑选。

3）混凝土工程建筑物的质量检查和验收。

① 混凝土封底前，应会同监理工程师对基坑进行检查验收。

② 在混凝土浇筑过程前，应会同监理工程师对混凝土工程建筑物测量放样成果进行检查验收。

③ 对混凝土建筑物永久结构面修整质量进行检查验收。

④ 混凝土浇筑过程中，对混凝土浇筑面的养护和保护措施进行检查，并在其上层混凝土覆盖前，对浇筑层面养护质量和施工缝质量进行检查和验收。

⑤ 对埋入混凝土块体中的止水和各种埋件的埋设质量以及伸缩缝的施工质量进行检查和验收。

4）混凝土工程建筑物的成型质量复测。工程建筑物的混凝土全部浇筑完成后，对建筑物成型后的位置和尺寸进行复测，并将复测成果报送监理工程师，作为完工验收的资料。

*140*

5）混凝土强度的评定及统计。现场的混凝土试件 28d 抗压强度按设计标号，配合比相同的一批混凝土作为一个统计单位，工程验收时，可按部位以同标号的混凝土作为一个统计单位；统计时，除非查明原因系操作失误，否则不得随意抛弃一个数据；每组 3 个试件的平均值作为一个统计数据。具体按《混凝土结构工程施工质量验收规范》（GB 50204—2002）、《水电水利工程模板施工规范》（DL/T 5110—2003）、《水闸施工规范》（SL 27—1991）等规定执行。

（11）金属结构及机电安装。主要为泄洪冲沙闸、引水闸的弧形闸门及其埋件安装，启闭机的卷扬安装等。金属结构及机电安装项目工程量见表 4.24。

表 4.24　　　　　　　　　　　金属结构及机电安装项目工程量表

| 序号 | 项　目 | 单位 | 数　量 | | 备　注 |
| --- | --- | --- | --- | --- | --- |
| | | | 引水闸 | 泄洪闸 | |
| 1 | 工作闸门门重 | t | 19.15 | 57.04 | |
| 2 | 闸门安装 | t | 19.15 | 57.04 | 引水闸 3 扇、泄洪闸 7 扇 |
| 3 | 泄洪冲砂闸工作闸门埋件重 | t | 3.39 | 10.49 | |
| 4 | 埋件安装 | t | 3.39 | 10.49 | |
| 5 | 2×8t 扬程 10m 弧形门卷扬机 | 台 | 3.00 | 7.00 | |
| 6 | 弧形门卷扬机安装 | 台 | 3.00 | 7.00 | |
| 7 | 热喷 Ce 铝面积 | m² | 2200 | | |

1）制作好的闸门在厂内试拼完成后，报请业主单位、监理单位进行验收，保证符合《水电水利工程钢闸门制造安装及验收规范》（DL/T 5018—2004）有关验收规范和质量评定等级要求，并提供以下资料。

①金属结构构件验收清单。

②金属结构构件加工图。

③金属结构构件各项材料和外购件的质量证明书、使用说明书或试验报告。

④焊接工艺规程和焊接工艺评定报告。

⑤焊缝质量检验报告。

⑥金属结构构件隐蔽部位的质量检查记录。

⑦施涂工艺及涂装检查记录（工地现场防腐后提供）。

⑧金属结构构件及预拼装检查记录。

2）启闭机按图纸要求、招标文件和《水利水电工程启闭机设计规范》（SL 41—2011）、《水利水电工程启闭机制造、安装及验收规范》（DL/T 5019—94）等规定，逐台进行自检。验收向监理人提供下列技术文件资料。

①全套制造竣工图纸。

②产品的组装检查报告和试验报告。

③主要材料的材质证明文件和复验报告；大型铸、锻件的探伤检查报告和热处理报告。

④设计修改通知单、材料代用通知单和有关会议纪要。

⑤ 产品合格证、外购件合格证、外协件合格证及发货清单。

3）安装过程用水平仪、经纬仪、锤球等对其进行检测达到《水电水利工程钢闸门制造安装及验收规范》（DL/T 5018—2004）的要求，具体安装要点如下。

①由于铰座基础螺栓架采用一期混凝土预埋，其他均采用二期混凝土埋设，因此配合一期混凝土埋设的铰座基础螺栓架在安装前应在一期混凝土中预埋型钢，作为埋件安装固定和支撑用，另外安装前还应进行铰座与铰座基础螺栓架配钻，并按铰座螺栓孔位置及铰座尺寸制作一套铰座垫板并作为安装基板；在铰座基板上设置测量控制点，以便利用全站仪对其进行测量控制。

②由于弧门埋件处于三维空间，按高程、里程在两侧边墙和底板上放出控制点位置外，还应校核侧轨中心和支铰中心间的距离。

③在安装铰座前，检查铰座、铰链、铰轴三者装配情况，确保安装质量。

4）闸门启闭采用 7 台 2×8t 弧形门卷扬机。待土建工程基本退场且具备安装条件后进行启闭机安装工作。具体安装过程如下。

① 启闭机吊装粗略就位：拟将启闭机整体用 25t 汽车吊吊至启闭机房并粗略就位。

② 启闭机精确安装：先进行机身精确位移，再进行机身整平。机身位移采用 5t 卷扬机完成。机身整平采用手拉葫芦、千斤顶等工具整平后，调节好地脚螺栓并与金属锚板焊好，在锚板与机架间焊接垫块。机身安装完成后，再连接联轴器、中间轴。

③ 电气接线进行空载调试后，与闸门连接进行无水、有水操作试验，卷扬启闭机安装程序见图 4.53。

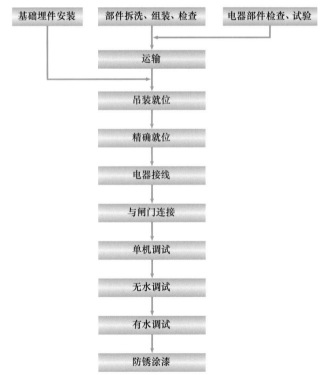

图 4.53　卷扬启闭机安装程序图

（12）砌石工程。施工用石料采用石质均匀、质地坚硬、耐磨、纹理均匀、不含铁砂、无裂纹、砂眼、缝隙及风化表皮等外观缺陷，且石料的标号大于 50MPa 的硬质天然石料，块石的外形大致方正，上下面大致平整，中间部分厚度不小于 20cm 或不大于 70cm，宽度为厚度的 1.0～1.5 倍，长度为厚度的 1.5～3.0 倍，小于平均数量的规格不超过总数的 25%，以保证块石的尺寸适合工程的需要和特殊的要求。块石表面清洁，无污物。对存在飞口、锐角的块体，在砌筑前采取人工修凿后再行使用。

砌筑用砂浆或灌浆用混凝土，材料标准同混凝土施工用材料标准要求，施工时外露面块石经人工修凿大致平整用作砌筑面石，施工用砂浆、混凝土严格按配合比试验标准计量集中配料，采用机拌，具体施工：

1) 施工准备。砌石工程应在基底渗水排干、地基或基础工程验收合格、结合面处理完好并经验收合格后方可施工。砌筑时，应放样立标、拉（挂）线；石料洒水湿润并刷除表面污垢。

2) 砌石体和混凝土的连接。浇筑的混凝土与浆砌块石墙身接触面在混凝土浇筑时，须嵌入足够数量的露头块石，占总接触面积的 15％ 以上，嵌入深度不小于 15cm，并大致均匀布于混凝土表面，以保证混凝土与砌石两者的紧密连接，砌筑墙身前，与墙身接触的底板顶面采取人工凿毛作施工缝处理。浆砌块石盖顶混凝土需突出浆砌块石墙身 1～2cm，墙身顶层块石高低交错，以保证盖顶混凝土与墙身的紧密连接，迎水面混凝土盖顶底边线应保持一直线。

3) 墙体砌筑。墙体选用较平整坚韧的大块石，经修凿后单面能满足平整度（小于10mm）的要求，方可作为面石。块石砌筑前，在经人工处理后的基础顶面，弹设砌筑线和控制线，砌筑前将砌筑用块石湿润，清洗砌筑面，但不得留有积水，然后座浆厚度为 2～3cm。

所有石块均要座于新铺细石混凝土之上。细石混凝土凝固前，所有缝均要满浆。垂直缝的满浆，系先将已砌好的石块侧面抹浆，然后用侧压砌置下一相邻石块，或石块就位后灌满细石混凝土。上、下两层石块要错缝，内外块要交错连接成一体。砌缝的宽度 3～7cm。可以用石片填塞宽的石缝，但不允许用比缝宽大的石片。如石块松动或灰缝开裂，要将石块提起，将垫层和砌缝清扫干净，再重新砌筑。

砌筑时依次砌筑角石、面石，然后铺砌帮衬石，最后砌筑腹石。砌筑时，上、下两层块石应骑缝砌筑，内、外块石应交错连接成一整体，角石、面石和帮衬石互相锁合，严禁采用中心填石的砌筑方法。

4) 勾缝。在细石混凝土凝固前要将外露缝勾好，以确保外表美观，若不能及时将外露缝勾好，要在细石混凝土终凝前将灰缝刮深，深度不小于 2cm，为以后勾缝作好准备，非外露面采取随砌随勾。选用细砂、水灰比较小的灰浆进行勾缝，不应与砌体砂浆混用。在砌筑完成 24h 后进行清缝，将缝槽清理干净，勾缝前对其进行湿润。勾缝结束、砂浆初凝后清理表面，并进行覆盖，按照要求进行洒水养护。

## 4.9.5 槽孔钢筋混凝土连续墙冬季施工

叶尔羌河中游渠首总引水规模为 175m³/s。根据水利水电枢纽工程等级划分及设计标准的规定，中游渠首属Ⅱ等大（2）型工程，主要建筑物为 2 级，次要建筑物为 3 级，临时建筑物为 4 级。该渠首位于新疆喀什地区莎车县阿瓦提乡境内叶尔羌河的大寨渠口处，距莎车县城约 40km。渠首上游右岸导流堤槽孔钢筋混凝土连续墙于 2007 年 11 月开工，至 2008 年 1 月底完工。槽孔连续墙上游 0+000～1+788.761，下游连续墙 0+000～0+195。每个直段槽孔长 7.5m，每个折角段槽孔长 5.7m。墙深由 15m 渐变到 7m。槽孔连续墙施工采用液压抓斗"纯抓法"连续成槽，钢筋混凝土槽孔连续墙的混凝土强度技术指标：C20、F150、W6。但在施工过程中突遇严寒天气，因此，冬季施工采取的保温措施对保证工程的施工质量极为关键，根据本工程的施工特点，施工过程中结合现场情况从施工组织、技术措施等方面入手，采取冬季施工多种措施，保证按期、保质完成该段工程。叶尔羌河中游渠首施工（右岸）见图4.54。

图4.54　叶尔羌河中游渠首施工（右岸）

（1）施工区气候特点。工程区地处塔克拉玛干大沙漠北缘，属暖温带大陆性干旱荒漠气候。由于中游渠首位置在莎车县境内，距莎车县城约40km。各气象要素以莎车县气象观测资料为依据，多年平均气温11.5℃，最高气温41.5℃，最低气温−23.5℃，多年平均降水量44.7mm，多年平均蒸发量2225mm，最早结冰日期11月8日，最早融化日期2月1日，多年六级以上大风出现天数6.4d，沙尘暴出现天数20d。

2007年11月至2008年1月槽孔连续墙施工期间，根据现场观测资料统计，2008年1月份施工期极端最低气温达到−32℃，为历史罕见。最大风速5m/s，最大冻土深67cm。

（2）冬季施工采取的措施。

1）泥浆拌制系统。连续墙施工采用膨润土泥浆护壁，膨润土选用产于新疆夏子街的优质钠基膨润土，成品料的品质均符合《钻井液用膨润土》（SY 5060—85）的规定。通过室内泥浆性能试验，施工中的泥浆配合比采用1∶18.7（土∶水）。冬季施工期间，泥浆拌制站系统的泥浆池上部及四周用塑料大棚膜搭设了保温棚用于泥浆保温。保温棚沿浆池四周搭设，檐高1.5m，长×宽＝15m×15m。保温棚用$\phi$50脚手架管作为骨架，架管采用管扣件连接，大棚膜用铅丝固定于架管上。为防止泥浆冻结，棚内安装6盏100kW碘钨灯作为备用热源。泥浆池内的泥浆经常循环搅拌，避免泥浆池内的泥浆出现冻结，防止泥浆沉淀、分层、泌水等，保持浆液性能稳定。经常开启泥浆泵，使泥浆在输送管路处于循环状态，可防止泥浆停滞管内时间过长冻结阻塞泥浆输送。泥浆输送管线采取固定管线和移动管线相结合的方式，平行于槽孔连续墙轴线方向布设固定输送管，管线长328m，施工中采用了管路外用石棉保温材料包裹后埋入冻土层以下（70cm）的措施防止泥浆管路冻结；垂直于槽孔连续墙轴线方向布设泥浆移动管线长13m，用石棉包裹进行防冻保护，并用干砂土掩埋，避免管路与强冷空气直接接触。

2）混凝土骨料、拌和站及浇筑。

① 混凝土骨料在料场有足够的堆高防止结成大面积硬壳或混入冰雪，对于细骨料采用级配良好的硬质、洁净的中砂，不含有冰块、雪团，含泥量不大于3%，粗骨料强度

高，有抗冻融的特性，含泥量不大于1‰。骨料不得带有冰雪和冻块以及易冻裂的物质，由骨料带入的水分以及外加剂溶液中的水分均应从拌和水中扣除。在中游渠首工程钢筋混凝土槽孔连续墙中禁止掺用氯盐类防冻剂，以防止氯盐锈蚀钢筋。

② 拌和楼等拌和设备进行防寒处理，在拌和楼外搭建暖棚，暖棚内的温度不低于10℃。在拌制混凝土前以及停止拌制后用热水洗刷搅拌机滚筒，搅拌时间加长至90s，严格控制混凝土的配合比和坍落度。由于水的比热是砂、石骨料比热的5倍左右，本工程采用加热拌和用水的办法提高混凝土拌和物温度。水的加热温度为70℃，先投入骨料和已加热的水进行搅拌均匀，再加水泥，以免水泥与热水直接接触，且混凝土卸出拌和机时的温度不超过40℃。水泥在使用前转运入暖棚内预热。

③ 常温下浇筑槽孔混凝土由混凝土罐车运送至浇筑场地，注入大的集料斗，同时分别经三个混凝土溜槽，由三个进料漏斗、内径27cm导管进入槽孔底部。但是在冬季施工期将运至浇筑现场的混凝土直接逐个由进料漏斗、导管进入槽孔底部。减少了拌和好的混凝土与强冷空气接触的时间，浇筑完成后立即用干沙土进行填埋，填埋厚度1m，宽2.6m。每节导管使用完应及时用清水将内、外壁冲洗干净，再用喷灯烘干，为浇筑下段槽孔做好准备，保证安装好的导管密封性能。施工现场设置临时的取暖设施，保证棚内温度在5℃以上，使施工过程中三方联合检测正常进行。

（3）混凝土的运输。低温下混凝土运输过程快装快卸，混凝土运输采用搅拌车满载运输，以减少混凝土倒运次数；搅拌车外罩棉被进行防冻保护，减少运输过程中的温度损失。对混凝土运输道路进一步加固整平处理，铺设沙砾石路面，确保混凝土能快速平稳的运至浇筑现场，避免罐车出现不必要的延误，使熟料报废，无法浇筑。如因机械、设备等原因，造成混凝土置于冷空气中的时间过长，致使混凝土的和易性不满足浇筑要求，按弃料处理。

（4）冬季施工应注意的安全问题。

① 冬季施工时，浆、水迅速结冰造成场地比较滑，施工人员和行走设备在冰上行走存在安全隐患。为避免因此发生安全事故，施工过程中在工作平台上撒干粗沙，此时的冰面会比较粗糙，不影响正常行走。

② 在进入冬季施工前，应对各类施工机械做一次全面的检修和维护，避免影响正常施工，造成安全隐患。

③ 对开挖好的槽孔周围进行用绳索进行围护，防止施工人员不慎掉入15m深的槽孔内，出现安全事故。尤其是寒冷的冬季，槽孔周围均为冰面，更易出现安全事故。

④ 对抓斗的各个零部件勤检查，尤其是

图 4.55　叶尔羌河中游渠首槽孔钢筋笼吊装

吊抓斗的钢丝绳，在低温下柔韧性差，磨损快易出现安全事故，发现磨损及时更换。同时，因钢丝绳经常出没水中易结冰，使钢丝绳变粗，出现钢丝绳被卡的情况影响整个机械的正常运行，可派专人进行现场除冰。

⑤槽孔混凝土施工吊车在拔导管、接头管及吊装钢筋笼过程中，作业面头顶时常有吊物和吊钩。施工现场指挥在现场指挥机械调运位置的路径，尽量避免在施工人员的头顶上调运导管、接头管及钢筋笼等设备。叶尔羌河中游渠首槽孔钢筋笼吊装见图4.55。

中游渠首于2010年初建成，右岸导流堤钢筋混凝土连续墙工程施工在冬季气候的影响下，经过多项特殊措施的采取，取得了圆满成功。该槽孔地下连续墙各施工工序未因气候原因发生质量缺陷和安全事故。为今后寒冷地区冬季地下连续墙施工提供了借鉴。

# 4.10 下坂地水利枢纽工程施工

下坂地水利枢纽工程地处帕米尔高原，平均海拔近3000.00m，高寒缺氧，气候变化无常，日气温变化达25℃左右，工程施工条件极为艰苦，施工人员施工机械效率大大降低，成本增加，给施工质量控制带来了极大的难度，加之下坂地工程地质条件极差，国内罕见，大坝坝址河床覆盖层厚达150m，地层岩类变化复杂，大坝坝肩高边坡达800m，且岩石十分破碎，电站引水洞在高达上千米的深埋地质条件下，隧洞岩爆和有害气体这些情况，给下坂地工程施工都带来了极为不利的情况，加大了工程施工技术难度和工程管理难度。在这种情况下，建设单位和施工单位及设计单位，抱着对工程高度负责的精神，共同努力，利用各种方法，采用先进技术和设备，战胜困难，按期基本保质完成了工程施工，工程建成投入运行3年来，没有因工程质量问题而发生停止运行，说明施工质量是符合要求的。

设计单位在工程设计和施工中都十分重视和尊重科学技术的力量，引进国内顶级专家技术人员，对工程难点进行了技术攻关，因此在下坂地工程建设过程中，先后有"深厚覆盖层坝基防渗处理"和"高边坡处理"二项技术课题获得新疆维吾尔自治区的科学进步奖。

下坂地工程在施工中采取的主要措施有。

## 4.10.1 坝基深厚覆盖层防渗处理施工

下坂地坝基深厚覆盖层深达150m，地层岩性变化大，这样的地址条件在当时国内都十分罕见。为确保施工质量，在施工中通过招投标选择了当时国内在深厚覆盖层坝基处理有着丰富经验的施工队伍承担坝基防渗处理施工，在施工中采用了当时国内、业内最先进的施工设备和技术。如：在钻孔上采用冲击反循环钻机，在开挖深槽时采用钢绳抓斗，为保证防渗墙质量，采用了改进的接头拔管法，使防渗墙的墙与墙之间的接缝达到了较好的效果。在灌浆方面创新配制了3种新材料，这些措施有力保证了上墙下幕形式构成的深达150m、长330m的坝基防渗墙，工程质量为大坝安全打下了坚实的基础。坝基防渗施工见图4.56。

图 4.56  坝基防渗施工

## 4.10.2  坝肩高边坡处理施工

下坂地水库两岸坝肩高边坡达 $800\sim1000\text{m}$，特别是右岸的高边坡岩石非常破碎，按照常规施工方法处理量大，工程质量还难以保障。针对这种情况，采用引进日本最新研究的预应力锚索新技术，由中国水利水电科学研究院组成的专业施工队伍施工，成功解决了下坂地水库坝肩破碎高边坡的施工难题，从而保证了水库的安全，节省了大量投资，缩短了工程施工期。侧槽溢流堰及侧槽高边坡施工见图 4.57。

图 4.57  侧槽溢流堰及侧槽高边坡施工

### 4.10.3 沥青混凝土大坝施工

下坂地工程沥青混凝土大坝施工，存在的最大技术问题是工区气候变化反复无常，日差温度变化达 25℃ 左右，5～8 月每天下午常有 5～7 级大风及风沙天气，在这样气候环境情况下施工，对控制水库大坝的施工质量带来了极大的挑战。为保证施工质量，按期完成水库大坝施工，中国葛洲坝施工总公司的技术人员和科技人员及施工人员想出各种办法创造了许多非常适用于当地气候环境条件下的施工方法，如针对低温环境下的施工方法有：①选择合适的时段进行施工；②温度控制采用技术规范规定上限值；③沥青混合料的储运设备和摊铺设备均加保温设施，减少储运过程中的温度损失；④控制施工段长度，缩短施工段的长度，将长度控制在 10～15m 范围；⑤控制摊铺机的运行速度，运行速度控制在 1～1.5m/min；⑥及时封闭摊铺后的沥青混合料；⑦加强层面加热，保证施工质量；⑧当现场风速较大或气温较低时，现场储备足量的篷布，必要时在篷布上对沥青混合料进行碾压，减少沥青混合料施工过程中的热量损失，以解决表面温度降低过快的问题；⑨加强施工组织管理；⑩提高摊铺、碾压温度检测频率，每 5min 检测一次。沥青混凝土碾压见图 4.58。

### 4.10.4 深埋长隧洞施工

下坂地水电站的引水发电洞长 4.72km，电厂厂房为山体内开凿的地下厂房。引水洞与地下厂房形成了一个地下洞室群。由于下坂地工程地处帕米尔高原山区，引水发电洞和地下厂房上方的山体埋深平均达千米以上，因此引水洞和地下厂房的开挖常有岩爆发生，直接威胁施工人员和施工设备的安全，给施工带来了极大的安全问题。为解决这一问题，建设单位邀请了长江水利委员会长江科学院研究人员，以及工程设计单位的工程地质工程师们一起联合攻关，经过大量的现场勘探和试验工作，终于找到和有效解决了在深埋长距离这种地质条件下的地下洞室群施工方法。保证了施工人员的生命和施工设备安全，从而有力推进了施工按照设计要求按期完成了施工。水电站厂房进风主洞及岔洞施工见图 4.59。

图 4.58　沥青混凝土碾压

图 4.59　水电站厂房进风主洞及岔洞施工

# 4.11　工程总承包建设模式的探索和应用

近期综合治理工程项目采用的承发包模式为传统的施工总承包模式，这种模式最突出的特点是强调工程项目的实施必须按照设计—招标—建造的顺序方式进行，只有一个阶段结束后另一个阶段才能开始。采用这种模式时，业主与设计单位签订设计合同，设计单位负责提供项目的设计和施工文件。在设计单位的协助下，通过竞争性招标将工程交给报价和质量都满足要求的投标人（总承包人）来完成。在施工阶段，监理人员通常担任重要的监督角色，并且是业主与承包人沟通的桥梁。这种模式的管理思想、组织模式、方法和技术都比较成熟，参与项目的业主、设计单位、工程师、承包人各方在合同的约定下形成各自的权利，履行各自的义务。业主可以自由选择设计人和监理人对项目的实施过程进行监督。但它也存在比较明显的缺点，主要表现为：

（1）项目管理的技术基础是按照线性顺序进行设计、招标、施工管理，因建设周期长而导致投资成本容易失控。

（2）由于承包人无法参与设计工作，设计的"可施工性"差，设计变更频繁，导致业主与承包人之间协调关系复杂，同时导致索赔频发而增加项目成本。

为了研究如何克服传统工程建设模式的缺点，在近期综合治理项目中的沙雅塔里木河公路大桥工程上采用了的 EPC 工程总承包模式，较好地完成了工程建设任务，为今后的综合治理项目提供了有益的探索。

（1）工程概况。沙雅县塔里木河公路大桥（以下简称沙雅塔里木河大桥）工程位于塔里木河上游沙雅县境内。工程全长 5948m，其中大桥长 906m，桥面宽 9.5m，桥梁设计荷载为公路－Ⅱ级，桥梁结构形式为梁板桥，全桥由 30 跨（每跨 30m）的 T 形梁组成，引线长 5041m；采用公路四级标准，工程总投资 3920 万元，项目业主为塔里木河干流工程建设管理处。沙雅塔里木河公路大桥见图 4.60。

图 4.60　沙雅塔里木河公路大桥

（2）EPC总承包项目管理模式。沙雅塔里木河大桥工程属于道路桥梁类项目，为大型桥梁工程，专业技术性较强，以土建为主。项目业主为了控制工程投资，减少业主管理负担和成本，在工程建设上采用了EPC总承包项目管理模式。主要做法有下列几个方面。

1）工程招投标。项目业主依据批准的招标方案和总承包方案，分别通过邀请招标选择了黄河勘测规划设计有限公司为EPC总承包人，通过公开招投标选择了新疆公路监理中心为工程监理人（均为甲级资质），河南黄河工程局、安徽水利开发股份有限公司（均为一级施工企业）为施工分包人。

2）合同签订。项目业主分别与EPC总承包人、监理签订了合同，与质量监督机构签订了质量监督委托协议；EPC总承包人与施工分包人签订了施工分包合同。合同工期：2007年3月15日至2008年10月15日。

3）EPC项目管理的内容和任务。①业主对EPC总承包人的日常管理工作主要通过业主代表来执行，业主一般仅负责项目的构思、资金筹措、主要目标的确定、招标和合同谈判过程中涉及重大原则问题的决策、项目方案审查、重要设计和材料的审查、合同价款、工期和方案等重大变更问题的管理和决策，一般只对EPC总承包人的文件进行审核，按照合同中规定的付款计划向EPC总承包人支付工程款，并参加工程各阶段验收工作。②EPC总承包人项目管理的主要内容包括对设计（咨询）、施工和设备材料采购等过程的管理。在施工管理中主要对进度、成本、合同、质量、安全生产、水保、环保以及风险进行管理。③在EPC模式下，设计是总承包人工作的主导，它引导并直接影响采购、施工和试运行等其他环节的运作。设计质量的优劣将直接关系到工程的总体质量和效益，设计的紧凑与否也将直接决定资源的配置情况和利用效率；另外，根据工程进展情况进行设计优化也将对工程质量的提高、进度的缩短以及投资的降低等方面产生重大影响。④监理单位对工程施工的全过程监理，主要包括质量、进度、投资控制，安全、环保监理，合同、信息管理及组织协调工作。⑤质量监督人按照国家规定和质量监督委托协议适时开展工程质量监督工作。

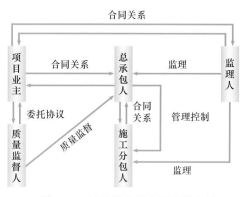

图4.61 沙雅县塔里木河公路大桥工程参建单位组织关系图

上述5个参建方的工作关系沙雅县塔里木河公路大桥工程参建单位组织关系见图4.61。

从图4.61可以看出，在项目的组织与协调中，工程总承包人处于中枢地位，既对项目业主负总责，又对施工分包人实施管理，同时接受监理的施工监督和质量监督人的质量监督。

（3）质量、工期与投资的控制。结合沙雅塔里木河大桥的实际情况和EPC总承包项目管理的特点，EPC总承包人组建了项目管理组织机构。

该组织结构形式属于直线—职能型，特点是：多层次、小跨度，分工、协作，统一指挥、适度授权，责权一致，经济、高效，将施工分包人直接纳入组织结构，实现一体化管理。共配备项目管理人员6人，其中项目经理、副经理、总工程师各1人，而总工程师由项目设总担任。工程总承包人通过上述组织机构对施工分包人进行质量、工期、投资、安全生产和水保、环保的管理和控制。

1）质量控制。在EPC总承包管理模式下，EPC总承包人与项目业主是合同关系，工程质量问题由EPC总承包人全面向项目业主负责；EPC总承包人与施工分包商是通过公开招标建立起来的合同关系，合同价款确定，施工分包人通过合理手段获取的利润，EPC总承包人不能分享，但仍要担责。由此形成了EPC总承包人的"要我负责"自觉地实现"我要负责"的管理责任。因此，EPC总承包人自觉地建立了严格的质量控制管理体系。

在施工质量的控制方面：①从设计方案的角度出发，按设计要求控制施工质量。②以施工工序为重点，质量控制从"施工单位→监理人"改变为"施工分包人→EPC总承包商→监理人"，在施工过程上加大了施工质量控制的力度。③从关键结构上确保施工质量，如T形梁工序复杂，工期较长，受气候等外界因素影响大，EPC总承包人委托新疆质量检测中心对2片认为较为薄弱的梁进行整体鉴定，鉴定结果为合格，确保了关键结构的质量。④从工程材料上把握施工质量，除施工分包人的自检和监理人的抽检外，增加了总承包人关键材料的抽检，加强了工程材料的质量保证。

2）工期控制。工期控制也是EPC总承包人控制的重点。施工工期控制的重点是根据不同分部工程的特点分阶段控制。EPC总承包人针对不同阶段的特点，采取不同措施加快进度，抢赶进度。从沙雅塔里木河大桥施工看，关键的桩基础分部工程历时51d完工，工期控制较好；而关键的T形梁分部工程，受低温和沙尘暴、材料的影响，工期推迟近1个月；到了后期，关键工程则是栏杆的预制和安装。最后，通过参建各方的共同努力，工程基本按照合同工期完工。

3）投资控制。投资控制的重点：①在设计方案上控制。为保证工程安全和质量，对部分重点部位投资相对较大，而对桥面梁悬板钢筋，经过优化设计并经项目业主同意，节省了投资。②控制变更，由于设计变更往往带来工程投资的增加，EPC总承包人有效地减少了设计变更。③控制索赔。

沙雅塔里木河大桥建设采用EPC总承包方式完成。经投资方组织的竣工验收，其验收结论是：工程质量合格、工期满足合同要求，投资控制在合同范围内，工程档案资料合格，工程建设管理有序，参建各方在工程建设过程中协调配合良好，工程建设达到了预期的实施效果。

（4）经验和建议。

1）EPC总承包可有效地控制项目投资。由于项目业主与工程总承包人签订的合同是总价承包合同，已将工程建设的大部分风险，特别是外部自然条件（现场数据）变化和"不可预见困难"的风险转移给了EPC总承包人，其建设费用一次性总价包死，并且在合同范围不发生变化的情况下，合同价格是固定不变的。因此，EPC总承包人在工程施工过程中将会精打细算，业主可有效地将工程建设费用控制在项目预算以内。并且，由于这种方式已将设计纳入到工程实施合同内，使得这种"控制"能够在保证满足生产、使用要求的前提下得以实现。

2）EPC总承包有利于保证工程质量。EPC总承包人具有相应资质、较丰富的项目管理经验和较完整的质量管理体系。在工程建设过程中，严格按照质量目标和标准，对工

质量进行控制，确保了工程质量，从沙雅塔里木河大桥质量检测成果以及外观质量评定情况来看，均达到了设计要求。

3）EPC总承包可有效保证工期。签订了EPC总承包合同后，为降低其自身的管理成本，EPC总承包人将充分发挥主观能动性，积极主动地对设计、施工、验收等各环节进行及时、周密、妥善安排，将设计意图和施工紧密结合，使施工过程中遇到的问题得到及时解决，避免了在以往工程建设中的相互推卸责任的现象。

4）EPC总承包可减轻项目业主风险。工程采用EPC总承包后，从设计、施工、部分阶段验收等环节，均由EPC总承包人负责，工程施工过程中可能出现的风险主要由EPC总承包人承担。沙雅塔里木河大桥工程施工期正值2006～2008年物价上涨高峰期，由于采取EPC总承包，价格风险由EPC总承包人承担。可以说，EPC总承包模式从法规、制度上对项目业主的工程风险进行了重新分配，转移了项目业主的风险责任。

5）EPC总承包有利于优化设计，使设计方案更合理。由于采用EPC总承包项目管理模式后，按照合同规定，总价承包一次性包死，不予调整总价。承包人为获取更多的利润，必然投入大量的技术力量来对设计进行优化，促进项目设计产品更加经济合理，对提高设计质量也起到促进作用。

6）EPC总承包可降低项目业主管理成本。由于EPC总承包是一种专业化项目管理方式，代替了项目业主的现场管理，项目业主只需从整体上，对工程安全、质量、进度情况进行定期或不定期检查，可使业主在工程建设实施阶段的工作大大简化。从而减少了项目业主在工程建设期间的工作量，节约大量的人力、物力，降低了项目业主建设管理成本。

7）做好EPC总承包项目实施过程中的过程控制是总承包企业顺利完成合同目标并取得一定效益的关键。

8）EPC总承包项目实施应认真研究以下问题：①清晰界定总承包的合同范围，避免导致费用和工期损失。②确定合适的总承包合同价格，合理规避概算编制规定的风险，市场价格的风险，和"不可预见"困难的风险，③采用成本加酬金的合同分包方式更适合施工分包合同。

9）EPC总承包人代替业主行使项目管理职能，强调的是管理与组织协调，利用其先进技术、管理人才，进行智力和资源投入，通过项目管理和风险管理与控制，具体组织项目的实施，承担勘察设计责任，对施工分包人承担管理责任和其他连带责任，体现了专业管理和现代管理的优越性。

10）EPC总承包的参建人对项目实施会有不同的认识和做法。

从项目业主的角度看，项目业主与EPC总承包人之间必须建立良好的诚信关系，EPC总承包人要认真负责，确保合格的工程质量，使项目业主放心。

从EPC总承包人的角度看，实施EPC总承包，其利润与风险并存。①价格风险。沙雅塔里木河大桥工程施工期间，正值2006～2008年国际国内物价普遍上涨期，建材价格上涨超过预期，导致资金流正常供应紧张，因材料短缺影响施工的情况时有发生，影响工期和正常生产。②施工风险，对EPC总承包人而言，特别是主体工程，能选择一个信誉佳、施工质量好、相处融洽的施工分包人十分关键，如果施工分包人在施工中难以配合，重新选择施工分包人，不但会增加工程造价，而且还会因耽误工期而给项目业主赔偿损失，最终导致施工管理失败。

沙雅塔里木河大桥工程监理是由项目业主招标确定的，监理须按合同要求履行监理职责，向项目业主负责，同时监理对于 EPC 总承包人提出的优化设计方案，还要为项目业主把关控制。沙雅塔里木河大桥工程施工分包是按照桥梁工程和引线工程两个标段进行分包施工的，而监理人只有一个，相对来说，对监理的业务水平、协调能力、施工经验、管理技巧等综合素质要求较高。

对于施工分包人来说，施工管理、资金支付、进度安排等都是由 EPC 总承包人来主导控制。施工分包人也具有很大风险：一是施工分包人在工程招标中报价过低，投资风险自担；二是施工过程由比项目业主更为专业的 EPC 总承包人直接管理，而且还要接受监理的监督，施工分包人索赔难度大。

11) 因 EPC 总承包风险的存在或转移且 EPC 合同的索赔是困难的，故 EPC 合同条件不适用于那些地下隐蔽工程过多，且在投标前（或签订合同前）地质勘探不明确，以及无法进行勘察的区域过多的项目。

12) 对于项目规模不大、建筑物组成较为明确、项目功能清晰、设计条件具备、不定因素及风险易于界定和评估的土木工程，在工程建设的前期即可采用 EPC 总承包项目管理模式。而对于大型土木工程项目，EPC 总承包项目管理模式宜在基础工程设计基本完成、主要技术和关键设备已经确定的条件下进行，也可就整个建设项目的一部分进行 EPC 总承包项目管理。

13) 应允许 EPC 总承包人在获得业主授权的条件下，在项目建设过程中可以代业主履行除项目立项、用地审批、规划审批、施工许可、工程验收等重大事项以外的所有手续。

14) 在 EPC 总承包模式下，总承包人从业主那里通过 EPC 合同转移承接了工程进度、成本、质量管理的法律责任与风险，则从权利义务对等的角度，总承包人理应要享有对进度、成本、质量管理的权利，因此，应允许 EPC 总承包人在政策规定范围内选择和确定自己信任的监理和施工分包人共同承担项目建设和监理任务，实现项目目标并获得效益。并且，总承包人为了赢得业内的信誉，开拓更为广阔的市场，长期生存下去，亦必须建立自律意识。

（5）EPC 总承包的适用性。EPC 总承包虽然有很多优点，但也有诸多的不利面和限制条件，比如 EPC 总承包人的选择条件比较高，所以难以选择；EPC 总承包项目合同签订要求高，难以确定合适的总承包价格；EPC 总承包项目最终交付产品的满意程度难以掌握等。因此，选择 EPC 总承包方式需要慎重考虑。一般情况下有以下几种情形适宜选择 EPC 总承包方式：①业主方面无工程实施阶段的管理经验和人员，工程预算偏紧，对能否在预算内完成工程项目心里没底，有意通过设计优化达到造价目标；②项目工期紧张，有意通过 EPC 总承包方式达到既能缩短工期，又不增加协调难度和工作量的目的；③担心项目的技术、经济和其他风险，想通过 EPC 总承包方式将风险转移给 EPC 总承包人；项目工艺和使用需求清楚、明确、成熟，变化的可能性小的项目，易采用 EPC 总承包方式。

# 5

# 工程运行管理

## 5.1 运行管理工作概述

水利工程的运用、操作、维修和保护工作,是水利管理的重要组成部分。水利工程建成后,必须通过有效的管理,才能实现预期的效果,并验证原来规划、设计的正确性。

近期综合治理工程项目,自 2001 年开始建设,从 2003 年起陆续投入运行,为保证上百个灌区工程的正常运行,塔里木河管理局成立了工程灌溉管理处,负责灌区的工程管理和有关灌区的管理。

(1) 工程运行管理的基本任务。

1) 在工程投入正常运行后,通过运行管理机构和所建立的规章制度的有效工作,保持工程建筑物和设备的完整、安全,使其经常处于良好的技术状况。

2) 正确运用工程设备,按照规则进行工程的运行调度,以控制、调节、分配和使用水源,充分发挥工程防洪、灌溉、供水、排水、发电、水产养殖、环境保护等效益。

3) 正确操作闸门启闭和各类机械、电机设备,提高效率,防止事故。

4) 改善经营管理,不断提高管理水平。

5) 保证工程及设施管理范围和保护范围的完整,为工程安全运行提供保障。

(2) 工程运行管理的主要工作内容。

1) 开展水利工程检查观测。

2) 组织进行水利工程养护修理。

3) 运用工程进行水利调度。

4) 更新工程设备,适当进行技术改造。

(3) 工程运行管理的工作方法。

1) 制定和贯彻有关水利工程管理的行政法规。

2) 执行技术管理规范规程,如:工程检查观测规范、工程养护修理规范、水利调度规程、闸门启闭操作规程等。

3) 建立健全各项管理工作制度,据以开展管理工作,主要工作制度有:计划管理制度、技术管理制度、经济管理制度、财务器材管理制度和安全保卫制度等。

近期综合治理项目包含有灌区节水改造工程、平原水库改造工程、地下水开发工程、河道治理工程、博斯腾湖输水工程、生态建设工程、山区控制性水库工程、水量调度系统、前期工作及科学研究等九大类 485 个单项水利工程，工程种类多，其作用和所处的客观环境互不相同，管理内容、管理方法也都有自己的特点，现分类摘要总结。

（4）近期综合治理工程运行管理基本情况。2011 年初，新疆维吾尔自治区人民政府决定对塔里木河流域"四源一干"实行水资源管理体制改革，将塔里木河流域的主要源流开都河—孔雀河流域、阿克苏河流域、叶尔羌河流域、和田河流域及塔里木河干流的水资源管理调度权、河道上现有的引、蓄水工程及其供水管理机构全部由所在地区行署（或自治州）移交由塔里木河流域管理局管理，河道上由新疆生产建设兵团建设管理的引、蓄水工程的水资源管理调度权也移交由塔里木河流域管理局管理，同时塔里木河流域管理局在塔里木河流域"四源一干"分别成立塔里木河流域巴音郭楞管理局（负责位于巴州、兵团二师的开都河—孔雀河流域）、塔里木河流域阿克苏管理局（负责位于克州、阿克苏地区、兵团一师的阿克苏河流域）、塔里木河流域喀什管理局（负责位于喀什地区、生产建设兵团三师的叶尔羌河流域）、塔里木河流域和田管理局（负责位于和田地区、生产建设兵团十四师的和田河流域）、塔里木河流域干流管理局（负责位于阿克苏地区、巴州、生产建设兵团一师、生产建设兵团二师的塔里木河干流），将原隶属巴州的孔雀河流域的重要控制性工程希尼尔水库工程及其管理处移交给塔里木河流域管理局，成立塔里木河流域希尼尔水库管理局。全面的移交工作已于 2011 底前完成。

目前，在塔里木河流域管理局的统一管理下，塔里木河流域巴音郭楞管理局、阿克苏管理局、喀什管理局、和田管理局、干流管理局、下坂地建管局、希尼尔水库管理局分别管理着开都河—孔雀河流域、阿克苏河流域、叶尔羌河流域、和田河流域、塔里木河干流河湖上的引、蓄、提水工程及下坂地水利枢纽工程、希尼尔水库工程等，这些关系着塔里木河流域主要河流水资源调控与配置引、蓄、提水工程的运行管理工作具体由上述塔里木河流域管理局的主要下属单位完成，并执行塔里木河流域管理局下达的水量调度指令，统一实施《新疆塔里木河流域水资源管理条例》及《塔里木河流域水量调度管理办法》。塔里木河流域"四源一干"引、蓄、提水工程管理机构见图 5.1。

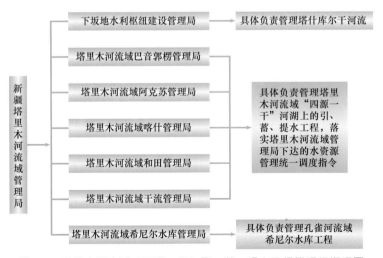

图 5.1　塔里木河流域"四源一干"引、蓄、提水工程管理机构框图

## 5.2　运行管理机构和制度

近期综合治理工程种类多，每种工程运行管理特性不同。近期综合治理工程管理按照工程的类别特性区别对待，制定不同的管理办法和制度，按照管理办法和制度进行管理。以下按不同工程类别分别叙述运行管理特性。

（1）灌区节水改造工程。灌区节水改造工程主要包括塔里木河流域"四源一干"范围内324个干、支、斗渠系防渗、灌区田间土地平整的常规节水工程和49个采用管灌、滴灌等技术的高新节水工程，其中开都河—孔雀河流域有22个渠系防渗工程，有17个滴灌高新节水工程；阿克苏河流域有132个渠系防渗工程，有15个滴灌高新节水工程；叶尔羌河流域有122个渠系防渗工程，有13个滴灌高新节水工程；和田河流域有46个渠系防渗工程，有4个滴灌高新节水工程。这些工程基本上都是在老灌区中实施，改造工程的管理机构是原有的县、乡、村、组，工程隶属关系没有变化。由于这些节水改造工程相比原有的工程技术先进，对管理水平的要求相对较高。由此，针对防渗渠道和高新节水工程的运行管理，灌区制定了相应了管理制度。运行中的干渠见图5.2。

图5.2　运行中的阿克苏市东岸大渠

1）常规节水改造工程。以开都河—孔雀河流域博斯腾灌区开都河第一分水枢纽北岸干渠防渗改造工程为例，说明防渗渠道改造工程的运行管理机构和规章制度情况如下。

开都河第一分水枢纽北岸干渠，全长22.92km，设计流量32m³/s，加大流量38m³/s，防渗改造工程竣工并投入运行后，由巴音郭楞蒙古自治州博斯腾灌区水利管理处开都河上游水管站下属的北岸干渠管理段负责管护，为方便管理，管理段设在和静县哈尔莫墩镇，该管理段现有10人负责本渠道的运行管理。管理段建立健全了严格的管理组织及管理体制，制定了运行管理办法和工程运行管护制度，实行岗位分工责任制。

开都河上游水管站北岸干渠管理段负责该项目运行管理的人员共10人，其中：段长1人，副段长1人，配水员8人。开都河上游水管站北岸干渠管理段运行管理机构见图5.3。

开都河上游水管站根据《中华人民共和国水法》、《新疆维吾尔自治区塔里木河流域水资源管理条例》等有关法律、法规，结合北岸干渠工程运行管理实际，建立了严格的工程管理体制，制定了有关管理办法和工程运行的管护制度，并严格执行。主要制度有：《渠道运行管理制度》、《水管站防汛安保值班制度》、《财务管理制度》、《安全生产管理制度》、《闸门启闭机操作规程》、《渠道巡视养护制度》。

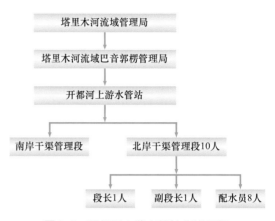

图 5.3    开都河上游水管站北岸干渠管理段运行管理机构图

2）高新节水改造工程。以开都河—孔雀河流域博斯腾灌区焉耆县七个星镇 2000 亩滴灌工程为例说明高新节水工程的运行管理机构和规章制度情况如下。

焉耆县七个星镇 2000 亩滴灌工程完工后即投入初期使用运行，初期运行管理单位为原灌区管理单位即焉耆县水利局水管总站。工程运行管理的具体工作是由水管总站熟悉滴灌工程的职工兼任，没有单独设立机构。为使工程运行管理有章可循，水管总站编制了《焉耆县滴灌工程运行管理制度》，以此规范焉耆县所有滴灌工程的管理行为。

从工程建设投入初期运行的情况看，滴灌区水资源综合利用率得到有效提高，灌溉水利用系数由原来的 0.34 提高到 0.93，项目实施后，增开地下水 110 万 $m^3$ 的水资源，置换地表水 170 万 $m^3$ 进一步改善了水生态环境。项目区种植葡萄，项目实施前使用常规灌溉方式，每亩葡萄产量约为 1300kg，工程运行进入稳产期后，每亩葡萄产量约为 1600kg，亩均增产 300kg。工程实施前采用常规灌溉模式，需要 5～6 人管理人员，实施高新节水滴灌模式后，1～2 人即可进行全面灌溉管理，节工效益非常明显。工程实施高新节水灌溉模式后，田间无灌水沟，无田埂，根据测量，较项目实施前增加有效种植面积 45 亩。

（2）平原水库改造工程。平原水库改造工程主要包括塔里木河流域"四源一干"范围内 8 座平原水库改造工程，其中开都河—孔雀河流域有 3 个平原水库改造工程，阿克苏河流域有 4 个平原水库改造工程，叶尔羌河流域有 1 个平原水库改造工程。这些工程基本上都是对原有的平原水库进行坝体防渗、缩小库区面积，相应加深水库平均水深的改造方式，以求达到节水的目的。平原水库改造工程的管理机构是原有的水库管理单位，工程隶属关系没有变化。由于这些水库大多为 20 世纪六七十年代建设的，水库坝体基本都是均质土坝，库盘大，水深浅，改造措施有的是用坝顶塑膜垂直防渗或坝体迎水面作混凝土斜墙防渗，同时缩小水库面积，减少水库副堤围坝长度，相比原有的土坝，对新坝体的渗透安全、防迎水面滑坡要求更高，由此，水库管理单位对水库针对改造后水库工程的安全运行管理，灌区制定了相应的管理制度。改造后的平原水库见图 5.4。

下面以塔里木河干流下游生产建设兵团二师恰拉水库改扩建工程为例说明平原水库节水改造工程的运行管理机构和规章制度情况。改扩建后的恰拉水库见图 5.5。

图 5.4　改造后的苏库恰克水库

恰拉水库位于塔里木河干流下游尉犁县境内，为灌注式平原水库，引塔里木河干流及孔雀河水入库。水库建成于 1962 年，恰拉水库管理站同时成立，隶属于生产建设兵团农二师塔里木水管处。近期综合治理项目恰拉水库节水改扩建工程完成后，水库管理站隶属关系未变，但按照大型四等水库重新设置了管理站内部机构，增加了水库运行管理人员，调整和增设了维修养护、水工观测、水库调度运行、水文测验、闸门及启闭机运行、通信等技术

图 5.5　改扩建后的恰拉水库

管理岗位。内设职能机构包括工程管理、财务供应、综合经营、行政办公室等四个科室，水库管理站总编制为 50 人。恰拉水库工程的运行管理机构见图 5.6。

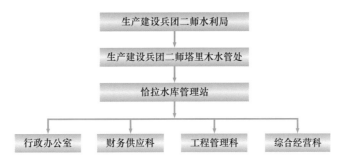

图 5.6　恰拉水库工程的运行管理机构框图

工程竣工并经过水库大坝蓄水安全鉴定后，2005 年水库蓄水至设计水位，水库初期运行状况良好，经过 2005 年以来近 8 年的调蓄运行使用，水库的引水、放水、主坝、副坝等各项工程技术状况良好，运行安全。

为了保证水库的安全运用，提高各项管理工作水平，水库运行期间，恰拉水库管理站在原有的工程管理制度基础上增加制定了《恰拉水库调度与运行规程》、《恰拉水库工程观测制度》、《恰拉水库闸门启闭工作制度》、《恰拉水库工程巡查制度》、《恰拉水库工程运行档案管理制度》等，要求做到水库工程运行必须严格按设计进行，确保工程运行安全；每日进行工程观测设施的检查并记载，发现异常及时上报，资料按规定要求记载填写、存

档；放水涵洞闸门启闭时必须有 2 人在场，仔细查看各部件确无异常方可运行，发现异常立即停止，及时处理并上报；为确保工程安全，对有影响安全的地段加强巡查；对闲杂人员，劝其离开，不得靠近工程重要部位，游玩人员加强疏导；工作人员不得擅离工作岗位；保持建筑物的整洁，每天必须进行清理等。

（3）地下水开发工程。塔里木河四源流实际建成有 31 处（2044 眼机井）集中使用的农用水源地，其中开都河—孔雀河流域有 6 处（245 眼机井）农用水源地，阿克苏河流域有 12 处（921 眼机井）农用水源地，叶尔羌河流域有 6 处（704 眼机井）农用水源地，和田河流域有 7 处（174 眼机井）农用水源地。农用水源地基本布置在灌区内部，通过灌区斗、农渠渠道或管道汇流或直接供水到田间。农用水源地的管理机构设在灌区各县水管总站，属其下的新设机构。有的水源地机电井还配置了自动化的供水遥测遥控装置，水源地的管理较为规范。

下面以开都河—孔雀河流域博斯腾上游灌区（即开都河灌区）焉耆盆地开都河北岸地下水开发利用工程为例说明水源地管理机构及管理制度情况。焉耆水源地运行管理机构焉耆水源地供水工程运行管理机构见图 5.7。

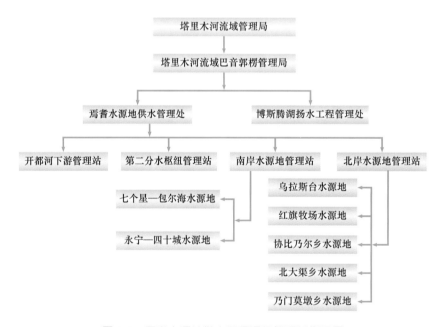

图 5.7　焉耆水源地供水工程运行管理机构框图

焉耆盆地开都河北岸地下水开发利用工程位于开都河流域北岸，有和静县、焉耆县两县域内的 5 个集中开采的农用水源地组成，分别是乌拉斯台水源地（66 眼机电井）、红旗牧场水源地（26 眼机电井）、协比乃尔乡水源地（41 眼机电井）、北大渠乡水源地（49 眼机电井）、乃门莫墩乡水源地（38 眼机电井）。这 5 处水源地完建后，均由焉耆水源地供水管理处管理。目前，焉耆水源地供水管理处管理的还有开都河南岸 2 处水源地，分别是七个星—包尔海水源地（74 眼机电井）、永宁—四十里城水源地（24 眼机电井）。七处农用水源地均作为灌区干旱补充灌溉的水源，并配套有水源地机电井自动化远程监控遥测系统，供水管理水量调度及时，管理水平先进。水源地机电井自动化远程监控遥测系统界面见图 5.8。

图 5.8　水源地机电井自动化远程监控遥测系统界面

为了规范管理、提升管理水平、做好灌区的供水服务，焉耆水源地供水管理处制定了严格的符合自身特点的工作和管理制度，主要有：《焉耆水源地岗位工作职责》、《焉耆水源地农用机电井设备操作规程》、《焉耆水源地水量调度工作程序》。《焉耆水源地中央控制室值班工作制度》、《焉耆水源地中央控制室设备操作规程》、《焉耆水源地供水计量校验办法》、《焉耆水源地水费收缴管理办法》、《焉耆水源地机电井巡查工作制度》、《焉耆水源地供电设施维护管理办法》等，这些工作和管理制度的有效施行，保证了焉耆水源地供水管理处各项技术业务工作的有序开展，各项管理的规范运行。

（4）河道治理工程。河道治理工程包括塔里木河干流河道治理工程及叶尔羌河、和田河的下游河道疏浚整治工程，具体建设内容是河道输水堤防工程、护岸工程及生态放水闸工程、河道疏浚工程等共计 26 项工程。

以塔里木河干流河道治理工程为例说明河道治理工程投入运行后的管理机构及管理制度情况。

塔里木河干流河道治理工程的任务是：通过上中游两岸输水堤防、河道整治及疏浚工程建设，合并引水口门，修建引水控制闸，变无序引水为计划用水，提高河道输水能力，一般年份防止洪水无序漫溢，减少水资源无效耗损，为干流生态提供水资源保障。干流河道治理工程的内容主要包括输水堤防、引水控制闸及生态闸、干流控制枢纽、河道整治等内容，单项工程有 24 项。

塔里木河干流河道治理部分工程投入运行使用后，在塔里木河流域管理的直接领导下，2008 年，成立了塔里木河干流管理处，后更名为塔里木河流域干流管理局，完善了机关内部机构设置和下属单位设置，明确了各机构的功能职责，塔里木河干流上的所有河道治理工程都有明确的责任机构进行管理和维护。塔里木河干流河道治理工程管理机构见图 5.9。

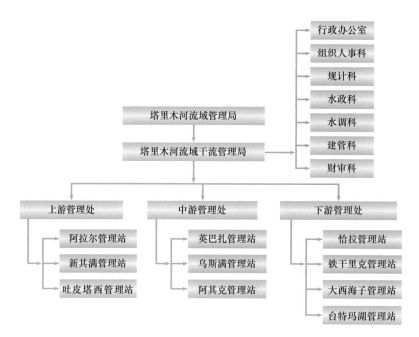

图 5.9　塔里木河干流河道治理工程管理机构框图

塔里木河流域干流管理局为了实现规范管理、不断提高工作水平，充分发挥工程效益，制定了多项管理制度，如《塔里木河干流水利工程管理考核办法（试行）》、《塔里木河干流输水堤防管理办法》、《塔里木河干流枢纽及生态闸（堰）管理办法》、《塔里木河干流水量调度管理办法》等业务工作制度。目前，塔里木河干流上各项工程均发挥了应有的功能和作用，提高了中游河道的输水效率，减少了洪水的无序漫溢和无效消耗，完成了向塔里木河下游的应急输水任务，实现了自 2001 年以来 13 次定期向塔里木河下游输送生态水的历史性转变，塔里木河干流下游生态环境得到有效保护和恢复。运行中的干流节制闸见图 5.10。

（5）博斯腾湖输水工程。博斯腾湖输水工程是解决从开都河尾间博斯腾湖向塔里木河下游的第二条输水通道问题。具体地，博斯腾湖输水工程包括博斯腾湖东泵站、东泵站输水干渠、博斯腾湖西泵站改造、孔雀河塔什店段河道疏浚整治、库塔干渠东干渠（上段、下段）、阿恰枢纽等 7 项工程。目前，这些工程全部投入运行，并充分发挥工程的作用。

以博斯腾湖东泵站工程为例说明博斯腾湖输水工程的管理机构及管理

图 5.10　运行中的干流节制闸

制度情况。

博斯腾湖东泵站位于巴音郭楞蒙古自治州开都河尾闾博斯腾湖入湖区的西南角、在孔雀河原河口以东约 2km 处，工程设计流量 45m³/s，装机规模为 6×1000kW，主要建设内容包括：新建引水渠、拦污桥、进水池、主厂房、出水池、副厂房、厂区永久围堤、110kV 输电线路、主辅设备机组、高低压电器设备等。2009 年，东泵站工程建设完工并投入运行，运行管理单位为塔里木河流域巴音郭楞管理局博斯腾湖扬水工程管理处。博斯腾湖东泵站工程管理运行机构见图 5.11。

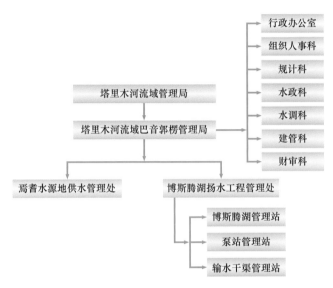

图 5.11　博斯腾湖东泵站工程管理运行机构框图

博斯腾湖扬水工程管理处下设处长 1 人，书记 1 人，主管生产的副处长 1 人；生产技术科人员 3 人；运行车间下设主任 1 人，主管运行班和机电维修班的副主任各 1 人；泵站运行班组分 6 个班，实行 6 班 4 运转。每个班 5 人值班员，共 30 人，每班下设 1 人值长和 1 人安全员；机电维修班共 31 人，下设正、副班长各 1 人，泵站警卫 6 人。博斯腾湖东泵站是一个大型泵站，为了保证泵站的安全运行，博斯腾湖扬水工程管理处制定了一整套工作制度，如：《泵站管理制度》、《安全生产工作制度》、《高压配电操作规程》、《值班巡回检查制度》、《交接班制度》及《各技术岗位工作制度》等。自 2009 年 1 月 1 日起至 2011 年底，东泵站 5 台机组实现安全运行 7 万小时，共扬水 38 亿 m³，泵站各主辅系统运行正常。东泵站工程建完试运行至今，总体施工安装质量良好，在设备运行中未出现不正常和损坏的情况。从安装及初期运行期间已有的监测表明，设备运行情况基本满足设计要求。

博斯腾湖东泵站投入运行后，保障了塔里木河下游及孔雀河生态用水，改善塔里木河下游日益恶化的生态环境；提高博斯腾湖下游灌区用水保证率，并确保下游安全供水。

（6）生态建设工程。生态建设工程包括退耕封育保护和林草生态建设两项建设内容，其中退耕封育保护工程主要是在塔里木河干流两岸上中游现有耕地中实施退耕封育保护33 万亩（上游阿克苏地区退耕封育 19.5 万亩，中游巴州退耕封育 13.5 万亩，共计 33 万亩）。林草生态建设工程主要是利用生态闸合理配置水资源，在塔里木河干流上中游两岸恢复、封育、改良和保护天然林草，总面积为 384 万亩，其中荒漠林恢复、封育工程 280 万亩（在上中游荒漠林封育 250 万亩，下游荒漠林恢复 30 万亩），草地改良和保护面积 104 万亩（上中游草地改良面积 94 万亩，甘草、罗布麻草地经济植物保护区 10 万亩）。

以塔里木河干流上中游林草生态保护与建设工程（库车县吐皮塔西项目区）为例，说明塔里木河生态建设工程运行管理机构及管理制度情况。

塔里木河干流上中游林草生态保护与建设工程（库车县吐皮塔西提项目区）位于塔里木河干流上游下段阿克苏地区库车县，项目区控制引洪灌溉面积 54.88 万亩，其中天然林草面积 49.79 万亩。项目工程内容由两部分组成：一是水利建设工程，即对 6 条主河道 20 条沟汊进行疏浚、开挖共计 216.11km，设计流量为 16～20m³/s，配套控制及交叉建筑物；二是林草管护工程，即新建 3 座护林站，1 个林木检查站，抚育管理 2 万亩，封育 4885.5hm²，铺设围栏 62.7km，整修管理道路 74.6km。工程于 2010 年完工并投入运行，工程运行管理单位为库车县水利局水管总站塔里木乡水管站和胡杨林管理站（见图 5.12）。塔里木河干流上中游林草生态保护与建设工程运行管理机构见图 5.13。

图 5.12　胡杨林管理站

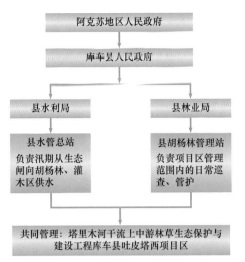

阿克苏地区人民政府

库车县人民政府

县水利局

县林业局

县水管总站
负责汛期从生态闸向胡杨林、灌木区供水

县胡杨林管理站
负责项目区管理范围内的日常巡查、管护

共同管理：塔里木河干流上中游林草生态保护与建设工程库车县吐皮塔西项目区

图 5.13　塔里木河干流上中游林草生态
保护与建设工程运行管理机构框图

塔里木河干流上中游林草生态保护与建设工程（库车县吐皮塔西项目区）运行后，引水沟渠运行状况良好，节制分水闸启闭机、闸门运行状况基本正常。由于引洪河道上的节制分水闸对塔里木河来水进行调节，使引水更具科学性、合理性，有效的提高生态水的利用率，改善引洪灌溉区生态林草的灌水问题，使灌区内有限的水资源得到充分利用。截至目前，工程运行情况良好，项目区内生态用水保证率和利用率均将得到大幅度的提高，植被长势和林分结构得到进一步的改善，生态系统和环境质量的提高，逐渐缓解了灌区 54.88 万亩灌溉面积的旱情，改善了当地生态灌溉情况。

（7）山区控制性水库。叶尔羌河支流塔什库尔干河上的下坂地水利枢纽工程是塔里木河流域近期综合治理规划中确定的唯一一座山区控制性水库，它是塔里木河流域水资源合理配置的重要措施，对解决叶尔羌河流域普遍存在的春旱缺水、缺电、洪灾都有重要作用，同时是调节水量向塔里木河干流输送生态水的重要控制性工程。

下坂地水利枢纽工程总库容 8.1 亿 $m^3$，调节库容 6.44 亿 $m^3$，装机容量 140MW，保证出力 46.1MW。工程于 2010 年 1 月下闸蓄水，进入初期运行后，为做好水库和电厂的运行管理，经上级有关部门批准，先后成立了水库管理处和下坂地水力发电厂，在下坂地水利枢纽工程建设管理局的统一领导下，作为独立法人，按照有关规范、规定，分别独立负责新疆下坂地水利枢纽工程的水库和电厂的运行管理工作。下坂地水利枢纽工程的水库和水力发电厂管理机构见图 5.14。

1）下坂地水库管理处机构设置及职责。下坂地水库管理处，是下坂地建管局直属单位，核定编制 40 人，经费实行自收自支。水库管理处内设综合办公室、财务审计科、水情监测科、运行管理科、工程科、鱼类增殖站、水政监察科、保卫科等 8 个科室，主要承担下坂地水利枢纽水库的运行管理工作。

2）下坂地水力发电厂机构设置及职责。2008 年 8 月下坂地水力发电厂成立，在岗人员共 57 人，其中管理人员 4

新疆塔里木河流域管理局

新疆下坂地水利枢纽工程建设管理局

机关各处室

下坂地水库管理处

下坂地水力发电厂

综合办公室
财务审计科
水情监测科
运行管理科
工程科
鱼类增殖站
水政监察科
保卫科

综合办公室
检修部
安全生产部
运行部

图 5.14　下坂地水利枢纽工程的水库和
水力发电厂管理机构框图

人，生产人员 53 人，下辖 4 个部室，分别为综合办公室、安全生产部、运行部和检修部。主要负责电站设备正常运行、维护，按调度指令完成发电任务，及时收缴电费等工作。

3）运行管理制度。为了作好工程运行期间的各项生产和管理工作，下坂地水库管理处和水力发电厂都建立了一整套完善的规章制度。

下坂地水库运行管理规章制度主要有：《水库调度规程、年调度运行计划》、《长期水文、气象预报方案》、《水库防洪度汛方案》、《水库防汛抢险应急预案》、《水情自动测报系统和水调自动化系统运行管理细则》、《水库管理处科室职责、各岗位职责及管理制度》、《水库调度命令、泄水设施使用规定》、《水库调度规章制度》、《水库调度月报制度》、《水库调度值班制度》、《安全监测管理制度》、《地震台网管理制度》、《机电设备操作使用规程》、《财务管理制度》、《安全保卫制度》、《鱼类增殖、养殖管理制度》、《水库调度运用技术档案制度》、《水库工作总结制度》等。

水力发电厂规章制度主要有：《下坂地水力发电厂岗位责任制》、《操作票制度》、《工作票制度》、《交接班制度》、《设备巡回检查制度》、《设备定期切换和轮换制度》、《监盘监护制度》、《工作票和设备停机申请制度》、《运行检修生产管理的制度》、《下坂地水力发电厂设备运行规程》、《下坂地水力发电厂运行规程》、《下坂地水力发电厂水轮机检修规程》、《下坂地水力发电厂电力安全工作规程》、《下坂地水力发电厂图纸、文件资料管理制度》、《下坂地水力发电厂各级人员岗位职责》、《下坂地水力发电厂交接班制度》等。

各项管理制度和设备运行规程的执行，有力地保障了工程发挥功能效益并实现安全生产。2012 年，下坂地水库发挥调蓄功能，实现向叶尔羌河灌区春季补水 1.9 亿 m³，2013年，由于下坂水库的调蓄，实现了叶尔羌河冬季向下游河道下放生态水，首次实现非汛期向塔里木河调水，民生渠首自 2012 年 1 月 1 日开闸向下游放水，2012 年 2 月 9 日，水头到达黑尼亚孜断面。

（8）水量调度系统。塔里木河流域水资源调度及管理工程是水资源开发、利用、配置、节约、保护和水资源统一管理、调度的基础性工程，包括塔里木河流域"四源一干"水文监测站网与水文信息系统的新建与改建工程、塔里木河干流地下水监测工程、塔里木河流域管理局水资源调度指挥中心建设工程、塔里木河流域的水资源调度指挥分中心及水文信息分中心建设工程、塔里木河流域水量调度管理信息系统工程、水量调度远程监控系统工程等。

以塔里木河流域水量调度管理信息系统工程为例说明管理机构及管理制度情况。

塔里木河流域水量调度管理信息系统工程建成后，由塔里木河流域管理局信息中心负责系统的运行和维护工作，包括对水量调度中心总控中心设备（服务器、存储设备等）、精密空调、UPS 电源、数字模拟屏、DLP 显示屏等一系列设备的运行与维护。

塔里木河流域信息中心是塔里木河流域管理局下属的事业单位，人员编制为 8 人，事业经费来源于自治区财政的全额拨款。塔里木河流域信息中心管理机构见图 5.15。

工程初期运行过程中，信息中心针对水量调度系统涉及的相关单位的信息化工程技术人员制订了广泛的培训计划，按计划进行了办公自动化系统开发性维护技术培训、会商FLASH 制作专题技术培训，系统应用和维护部门业务人员参加了培训，取得了良好的培训效果。

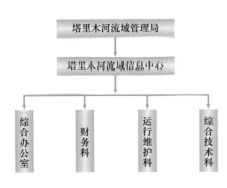

图 5.15　塔里木河流域信息中心
管理机构框图

为保证水量调度管理信息系统的规范运行管理工作和实现安全运行，在工程建成后运行的初期，信息中心就建立了水量调度管理信息系统的运行管理制度和操作规程，主要管理制度和操作规程有：《塔里木河流域水量调度中心总控中心设备操作及维护规程》、《塔里木河流域水量调度中心精密空调操作与维护规程》、《塔里木河流域水量调度中心UPS电源操作与维护规程》、《塔里木河流域水量调度中心数字模拟屏操作与维护规程》、《塔里木河流域水量调度中心DLP显示屏操作与维护规程》、《塔里木河流域水量调度中心管理制度》、《塔里木河流域水量调度管理系统数据安全及保密制度》、《塔里木河网、塔里木河流域管理局日常办公及业务处理系统后台保障制度》、《塔里木河流域水量调度中心远程监控演示操作管理制度》、《塔里木河流域管理局信息中心专业技术人员培训制度》、《塔里木河流域管理局局域网及互联网网络安全管理制度》、《塔里木河流域水量调度中心机房及UPS间巡检制度》、《塔里木河流域水量调度管理系统数据传输及通信保障制度》等。工程建成后至今运行状况良好。

# 5.3　工程管理和保护范围

## 5.3.1　国家规范

（1）水闸。

1）管理范围。按照《水闸工程管理设计规范》（SL 170—96）的规定。水闸工程的管理范围是水闸管理单位直接管理和使用的范围，应包括：①水闸工程各组成部分的覆盖范围。包括上游引水渠、闸室、下游消能防冲工程和两岸连接建筑物；②为保证工程安全、加固维修、美化环境等需要，在水闸工程建筑物覆盖范围以外划出的一定范围。水闸工程建筑物覆盖范围以外的管理范围见表5.1；③管理和运行所必需的其他设施占地，包括管理单位的生产、生活区，多种经营生产区以及职工文化、福利设施等建设占地。

表 5.1　　　　　　　　　　　水闸工程建筑物覆盖范围以外的管理范围表

| 建筑物等级 | 1 | 2 | 3 | 4 | 5 |
| --- | --- | --- | --- | --- | --- |
| 水闸上、下游宽度/m | 500~1000 | 300~500 | 100~300 | 50~100 | 50~100 |
| 水闸两侧的宽度/m | 100~200 | 50~100 | 30~50 | 30~50 | 30~50 |

堤防上的水闸，管理范围应与堤防管理范围统筹确定。

2）水闸工程的保护范围。为保证工程安全，在工程管理范围以外划定一定的宽度，在此范围内禁止挖洞、建窑、打井、爆破等危害工程安全的活动。水闸工程的保护范围，可根据工程的具体情况确定。

3）水闸工程管理单位生产、生活区建设用地。办公用房标准为人均建筑面积9～12m²；职工生活、文化福利设施用地标准为人均建筑面积35～37m²；其他生产建设用地按功能及任务的需要具体协商确定。

（2）水库。

1）管理范围。按照《水库工程管理设计规范》（SL 106—96）的规定，水库工程管理范围应包括工程区和生产、生活区（含后方基地）。水库工程区管理范围包括大坝、输水道、溢洪道、水电站厂房、开关站、输变电、船闸、码头、渔道、输水渠道、供水设施、水文站、观测设施、专用通信及交通设施等各类建筑物周围和水库土地征用线以内的库区。

①山丘区水库，应符合以下规定。

大型水库：上游从坝轴线向上不少于150m（不含工程占地、库区征地重复部分）。下游从坝脚线向下不少于200m。上、下游均与坝头管理范围端线相衔接。

中型水库：上游从坝轴线向上不少于100m（不含工程占地、库区征地重复部分）。下游从坝脚线向下不少于150m。上、下游均与坝头管理范围端线相衔接。大坝两端以第一道分水岭为界或距坝端不少于200m。

②平原区水库，应符合以下规定。

大型水库：下游从排水沟外沿向外不少于50m。

中型水库：下游从排水沟外沿向外不少于20m。大坝两端从坝端外延不少于100m。

③溢洪道（与水库坝体分离的）：由工程两侧轮廓线向外不少于50～100m，消力池以下不少于100～200m。大型取值趋向上限，中型取值趋向下限。

④其他建筑物：从工程外轮廓线向外不少于20～50m（规模大的取值趋向上限，规模小的取值趋向下限）。

⑤生产、生活区（含后方基地）管理范围：包括办公室、防汛调度室、值班室、仓库、车库、油库、机修厂、加工厂、职工住宅及其他文化、福利设施，其占地面积按不少于3倍的房屋建筑面积计算。有条件设置渔场、林场、畜牧场的，按其规划确定占地面积。

2）工程保护范围与水库保护范围。应符合以下规定：①工程保护范围：在工程管理范围边界线外延，主要建筑物不少于200m，一般不少于50m。②水库保护范围：由坝址以上，库区两岸（包括干、支流）土地征用线以上至第一道分水岭脊线之间的陆地。

3）水库管理单位办公用房、职工住宅和生产用房标准：①办公室（含会议室），应按管理人员人数，人均10～15m²计算；②职工住宅及文化福利房屋（含后方基地），应按职工人均综合指标计算：大（Ⅰ）型水库30～32m²/人，大（Ⅱ）型水库32～35m²/人，中型水库35～37m²/人；③生产用房。大型水库，配置修配车间、仓库、油库，其他根据需要兴建。

（3）堤防。按照《堤防工程管理设计规范》（S 171—96）的规定堤防工程的管理范围，一般应包括以下工程和设施的建筑场地和管理用地：①堤身，堤内外戗堤，防渗导渗工程及堤内、外护堤地。②穿堤、跨堤交叉建筑物：包括各类水闸、船闸、桥涵、泵站、鱼道、伐道、道口、码头等。③附属工程设施：包括观测、交通、通信设施、测量控制标点、护堤哨所、界碑里程碑及其他维护管理设施。④护岸控导工程：包括各类立式和坡式护岸建筑物，如丁坝、顺坝、坝垛、石矶等。⑤综合开发经营生产基地。⑥管理单位生产、生活区建筑，包括办公用房屋、设备材料仓库、维修生产车间、砂石料堆场、职工住宅及其他生产生活福利设施。

1）护堤地范围。应根据工程级别并结合当地的自然条件、历史习惯和土地资源开发利用等情况进行综合分析确定。护堤地的顺堤向布置应与堤防走向一致。护堤地横向宽度，应从堤防内外坡脚线开始起算。设有戗堤或防渗压重铺盖的堤段，应从戗堤或防渗压重铺盖坡脚线开始起算。堤内、外护堤地宽度，应参照规定护堤地宽胜数值表确定。护堤地宽胜数值见表 5.2。

表 5.2 护堤地宽胜数值表

| 工程级别 | 1 | 2、3 | 4、5 |
|---|---|---|---|
| 护堤地宽度/m | 30～100 | 20～60 | 5～30 |

堤防工程首尾端护堤地纵向延伸长度，应根据地形特点适当延伸，一般可参照相应护堤地的横向宽度确定。特别重要的堤防工程或重点险工险段，根据工程安全和管理运用需要，可适当扩大护堤地范围。

2）护岸控导工程的管理范围。除工程自身的建筑范围外，可按以下不同情况分别确定。

①邻近堤防工程或与堤防工程形成整体的护岸控导工程，其管理范围应从护岸控导工程基脚连线起向外侧延伸 30～50m。但延伸后的宽度，不应小于规定的护堤地范围。

②与堤防工程分建且超出护堤地范围以外的护岸控导工程，其管理范围：横向宽度应从护岸控导工程的顶缘线和坡脚线起分别向内外侧各延伸 30～50m；纵向长度应从工程两端点分别向上下游各延伸 30～50m。

③在平面布置上不连续，独立建造的坝垛、石矶工程，其管理范围应从工程基脚轮廓线起沿周边向外扩展 30～50m。

3）工程保护范围。在堤防工程背水侧紧邻护堤地边界线以外，应划定一定的区域，作为工程保护范围。堤防工程保护范围的横向宽度应按规定的数值确定。堤防保护范围规定的数值确定见表 5.3。

表 5.3 堤防保护范围规定的数值确定表

| 工程级别 | 1 | 2、3 | 4、5 |
|---|---|---|---|
| 保护范围宽度/m | 200～300 | 100～200 | 50～100 |

## 5.3.2 地方法规

2011 年施行的《新疆维吾尔自治区水利工程管理和保护办法》（新疆维吾尔自治区人民政府第 168 号令）的规定。

（1）水库的管理范围和保护范围。

平原水库：上游管理范围从校核水位线向外划定，大型 100～150m，中型 80～

120m，小型 10～50m；下游管理范围从坝脚线向外划定：大型 800～1000m，中型 600～800m，小型 50～100m；两侧的管理范围从坝肩或者坝后坡脚起向外划定：大型 300～500m，中型 200～300m，小型 50～300m。保护范围从管理范围向外划定：大型 500～1000m，中型 200～500m，小型 50～200m。

山区水库：上、下游管理范围和保护范围采用平原水库标准，两侧的管理范围为第一个自然分水岭以内的区域，保护范围从第一个自然分水岭向外划定 50～500m。重点水库可适当放大范围或者提高一级标准。

水库泄洪、输水建筑物和附属设施以及输水（管）道：管理范围从其基础边界线向外划定 100～500m，保护范围从管理范围向外划定 100～500m。抢险取土用地、维修场地及水库专用路，按其实际占地确定管理范围，也可划定 10～50m 保护范围。

（2）引水枢纽管理范围，包括拦河坝（泄洪闸）、进水闸、冲砂闸以及两岸工程护堤地、管理房、维修养护场地等用地及其周围 100～500m 以内的面积，保护范围从管理范围向外划定 50～200m。

（3）渠道按设计流量和渠道规模划分管理范围和保护范围。管理范围，挖方渠道从渠开挖线计起，填方渠道从渠堤外坡脚线计起，傍山渠道从开挖线计起；保护范围从管理范围向外划定。

渠道设计流量在 10m³/s 以下的，管理范围 2～10m，保护范围 2～10m；渠道设计流量在 10～50m³/s，管理范围 10～20m，保护范围 10～20m；渠道设计流量在 50m³/s 以上的，管理范围为 20～50m，保护范围 20～50m。

（4）河道（沟道）按年径流量划分管理范围和保护范围，管理范围从两岸堤防的外脚线向外划定；保护范围从管理范围向外划定。

年径流量在 1 亿 m³ 以上的，管理范围 20～50m，保护范围 50～100m；年径流量在 1 亿 m³ 以下的，管理范围 15～30m，保护范围 30～60m。

### 5.3.3 近期综合治理工程管理和保护范围

近期综合治理项目依据按照《水闸工程管理设计规范》（SL 170—96）、《水库工程管理设计规范》（SL 106—96）、《堤防工程管理设计规范》（S 171—96）、《灌溉与排水工程设计规范》（GB 50288—99）的规定，以及《新疆维吾尔自治区水利工程管理和保护办法》（新疆维吾尔自治区人民政府第 168 号令）的规定，并结合单项工程的具体情况，划定了不同的管理范围和保护范围。

（1）灌区节水改造工程。塔里木河近期综合治理项目灌区节水改造工程包括常规节水改造工程和高效节水工程两类。常规节水工程包括对原有的干、支、斗渠道进行防渗改造工程，合并多个无坝渠首、提高引水保证率并实现节水的拦河引水渠首（或枢纽）工程建设。

各级渠道的防渗改造工程，其管理范围和保护范围基本依照渠道改造前范围划定的情况，没有作大的改变。拦河引水渠首（或枢纽）工程，由于都是新建工程，其管理范围和保护范围严格按照国家规范和自治区的规定执行。

1）大型引水枢纽工程——开都河第二分水枢纽工程的管理范围为：拦河枢纽、分水闸、枢纽上下游导流堤等建筑物的覆盖范围以及各建筑物外边线以外100m范围，另外，在开都河北岸工程区附近划定工程管理站管理和运行设施用地5亩〔布置有管理房屋750m²，其中办公450m²（含值班宿舍），生产及仓库300m²；管理站庭院设花圃、林木、生活用机电井1眼、变压器1台〕。枢纽工程的保护范围，为管理范围边线以外50m。

2）开都河第二分水枢纽南、北岸干渠工程由于大部分在城区内的原有渠道上改建，其管理范围为渠道及渠系建筑物的占地范围，渠道的保护范围为：北岸干渠渠线两侧各17.5m，共35m宽，南岸干渠渠线两侧各15m，共30m宽。

3）大型引水枢纽工程——叶尔羌河中游渠首工程的管理范围为：叶尔羌河中游渠首管理处直接管理和使用的范围，包括中游渠首工程组成部分的覆盖范围（上游导流堤、闸室、下游消能防冲工程和两岸连接建筑物）和为保证工程安全、加固维修和美化环境等需要在渠首建筑物覆盖范围外划出的一定范围，为渠首工程建筑物两侧宽度100m。另外划定一级河滩地18亩作为渠首工程管理处的管理运行设施的永久占地（生产、生活设施总面积为2388.6m²，庭院绿化面积6200m²）。中游渠首工程的保护范围是为保证工程安全、禁止在此范围内挖洞、建窑、打井、爆破等危害工程安全的活动范围，保护范围划定为工程管理范围以外100m的宽度。

高效节水工程主要是在田间以管道输水代替农渠、毛渠输水的滴灌灌溉实现高效节水的目的，因此，没有新的工程管理用地和保护用地问题。

（2）平原水库改造工程。近期综合治理项目平原水库改造工程都是对原有平原水库进行的坝体防渗、缩小库盘、加大水深的改造，水库或增加库容或减少蒸发损耗，起到改造节水的目的。没有增加建筑物管理用地和保护用地的问题。

（3）地下水开发工程。近期综合治理项目地下水开发工程都是在现有灌区内通过打井开采地下水的方式进行灌区的干旱期的补充灌溉。机电井零星分布于灌区田间，分别汇流入灌区原有或斗渠或农渠渠道中，每一眼机电井的工程用地基本上就是机电井泵房和出水池的覆盖范围，大约每眼井 $10m^2$ 左右。没有设保护用地范围。

（4）河道治理工程。近期综合治理项目河道治理工程主要由河道疏浚整治、输水堤防、生态闸及塔里木河干流上中型分水枢纽乌斯满分水枢纽、阿其克分水枢纽和恰拉分水枢纽等工程组成。

1）塔里木河干流中游、叶尔羌河下游及和田河下游输水堤防都是 5 级堤防，堤防工程的管理范围为堤身内、外坡脚线以外 10m，用于堤防管理的生产、生活建筑房屋面积用地 $80m^2/10km$。保护范围为堤防背水偶紧邻护堤地边界线以外 100m 以内、堤防临水侧护堤林外 50m 以内、其他设施的管理区范围以外 10m。

2）生态闸的管理范围为上游导流堤、闸室及下游连接段建筑物覆盖范围及以外 100m，管理房屋建筑面积用地 $80m^2$/闸，保护范围为管理范围以外 50m。

3）乌斯满分水枢纽工程的管理范围为上下游导流堤、闸室主体段、闸室上下游连接段、引水渠连接段等各建筑物覆盖范围，以及覆盖范围外侧各延 100m、引水渠坡脚外 20m，管理与运行设施、管理站房用地 3.6 亩，保护范围为建筑物以管理范围边界向外延 50m 内的范围，管理站以管理范围边界向外延 10m 内的范围。

阿其克分水枢纽工程、恰拉分水枢纽工程的管理范围、管理与运行设施用地、保护范围与乌斯满分水枢纽相同。

（5）博斯腾湖输水工程。近期综合治理项目博斯腾湖输水工程由博斯腾湖东泵站、东泵站输水干渠、孔雀河疏浚、库塔干渠东干渠（上段、下段）组成。

博斯腾湖东泵站工程管理范围为在原博斯腾湖扬水工程管理处管理范围的基础上扩大为：北面仍保持原来的管理界线，东、南、西三面在原来的界线基础上向外延伸 500m（含管理与运行设施用地），保护范围为管理范围以外 500m。

东泵站输水干渠工程管理范围为渠道工程覆盖范围及渠堤外坡脚以外 30m，干渠建筑物工程覆盖范围及渠堤外坡脚以外 100m，保护范围分别为管理范围以外 20m 和 50m。孔雀河疏浚无工程用地情况。

库塔干渠东干渠（上段、下段）工程管理范围为渠道工程覆盖范围及渠堤外坡脚以外 30m，干渠建筑物工程覆盖范围及渠堤外坡脚以外 50m，保护范围分别为管理范围以外 20m 和 30m。

（6）生态建设工程。近期综合治理项目生态建设工程无工程用地情况。

（7）山区控制性水库。下坂地水利枢纽工程管理范围包括工程区和生产生活区。工程区包括水库大坝、导流泄洪洞、引水发电洞、电站厂房、4 个水文站、4 个地震台网、专用通信系统、工程安全监测系统、对外交通道路等主要建筑物，管理范围共计 1035.1 亩。生产生活区包括枢纽现场管理站、塔县生活服务处、喀什基地和乌鲁木齐办事处，管理范围为 166.5 亩。

工程保护范围为在工程管理范围边界线按主要建筑物外延 200m，一般建筑物外延 50m。保护范围工程区为 1575.2 亩，生产生活区为 249.8 亩。下坂地水利枢纽工程管理范围见图 5.16。

（8）水量调度系统。塔里木河近期综合治理项目水量调度系统工程是相应主体工程的辅助性的信息化管理工程，没有单独的管理范围和保护范围。

图 5.16　下坂地管理范围示意图

注：1. 水库正常蓄水位为 2960.0m；库水面积 20.91km²；
　　 2. 水库回水长度 22.75km。

### 5.3.4　近期综合治理工程运行调度

（1）工程运行调度基本情况。塔里木河流域"四源一干"河湖上的引、蓄、提水工程以及下坂地水利枢纽工程、希尼尔水库工程的工程运行调度管理是在执行塔里木河流域管理局下达的水量统一调度的基础上，由塔里木河流域巴音郭楞管理局、塔里木河流域阿克苏管理局、塔里木河流域喀什管理局、塔里木河流域和田管理局、塔里木河流域干流管理局、下坂地建设管理局、塔里木河流域希尼尔水库管理局分别完成的。

由新疆生产建设兵团一师、二师、三师建设的河道上的引水工程的运行调度工作也是在执行塔里木河流域管理局下达的水量统一调度的基础上由兵团各师工程管理单位分别完成的。

塔里木河流域其他近期综合治理项目单项工程由工程所属单位进行运行调度管理。

（2）工程运行调度基本原则。按照《水闸工程管理设计规范》（SL 170—96）的规定，水闸工程管理的调度运用应遵照下列原则。

1）必须在保证工程安全的条件下，合理地综合利用水资源，充分发挥工程效益。当兴利与防洪矛盾时，兴利应服从防洪。

2）必须与上、下游工程相配合。

3）有淤积问题的水闸，应研究采取妥善的运用方式防淤、排沙和防冲。

4）在通航河道上的水闸，应尽量保持上、下游河道水位相对稳定和通航水深。

5）位于鱼类回游河道上的水闸，应尽可能通过控制运用满足鱼类回游的要求。

水闸工程管理设计中应规定以下基本指标，作为调度运用的依据：上、下游最高水位和最低水位；最大过闸流量；最大水位差；下游河道的安全泄量。

水闸工程管理设计应根据水闸的水力设计或水工模型试验成果，规定闸门开启次序和开度，力求避免产生集中水流、折冲水流等不利流态。应避免发生震动的闸门开度。

按照《水库工程管理设计规范》（SL 106—96）的规定，水库的调度运用应依据水库工程的任务、防洪兴利调度运用原则和工程建筑物的运用条件，制定水库调度规程，以明确水库及其各项调度的依据、调度任务与调度原则、调度要求和调度条件、调度方式等。

（3）灌区节水改造工程运行调度。灌区节水改造工程中渠道工程及高效节水工程不存在调度的问题，仅拦河引水工程存在工程本身的调度运用情况。下面以开都河第二分水枢纽工程和叶尔羌河中游渠首工程为例说明水闸的调度运用情况。

1）开都河第二分水枢纽工程的运行调度。

①开都河第二分水枢纽工程的运行调度原则。

a. 按照开都河—孔雀河流域管理的有关规定和统一调度指令合理运用。

b. 枯水期以满足农业灌溉为主，靠近引水闸的1孔泄洪闸闸孔开启冲沙。

c. 洪水期引水闸部分开启，引够灌溉所需流量即可，泄洪闸在保证灌溉引水位的前提下，以下游生态用水为主，视洪水流量逐孔开启，尽量减少主河槽淤积或冲刷。

②开都河第二分水枢纽工程的运行调度规程。

1～3月、11～12月，灌区无需灌溉，此段时间泄洪闸全部开启，两岸引水闸关闭，水量全部下泄。

4～5月、9～10月，灌区需水量较大，河道来水量较小，此段时间泄洪闸只需开启1～2孔闸，引水闸引入剩余水量。

6～8月，灌区需水流量为设计流量$34m^3/s$，河道进入洪水季节，此时泄洪闸部分开启，控制水位1061m；河道来水量继续增加，来水量超过最大过闸流量$1302m^3/s$，此时控制进水闸开度，保证引水流量，泄洪闸全开。

开都河第二分水枢纽运行到今，基本按照调度运行原则和调度运行方案进行实际引水调度，保证了工程的安全运用，提高了灌区的供水保证率，达到了工程节水的目标。

2）叶尔羌河中游渠首工程的运行调度。

运行中的叶尔羌河中游渠首见图5.17。

①叶尔羌河中游渠首工程的运行调度原则。

a. 必须在保证工程安全的前提下，合理地综合利用水资源，按照叶尔羌河流域有关分水比例进行分水，充分发挥工程效益，当兴利与防洪矛盾时，兴利应服从防洪。

b. 必须与上、下游工程相配合。

c. 由于工程为闸坝结合的两岸引水渠首，枯水期泄洪冲砂闸一般情况下关闭，闸前有淤积问题，应采取妥善的运行方式防淤、排沙。

图 5.17　运行中的叶尔羌河中游渠首

　　d．泄洪冲砂闸闸门调度运行应避免偏流、流态不均现象，以免造成水流集中，加大冲刷深度而造成建筑物破坏。

　　e．汛前应采取措施清除闸门前淤积的泥沙，并对启闭设备进行检修。

　　f．与上游水文站保持通信联系，及时了解水情况变化情况，以备无患。

　　②叶尔羌河中游渠首工程的调度运用规程。

　　a．当河道来水量小于 175m³/s 时，闸前正常工作水位为 1192.25m，所有泄洪冲砂闸门关闭，东西岸进水闸按引水比启闭闸门引水。

　　b．当河道来水量大于 175m³/s 时，应采取防砂措施控制闸前正常工作水位为 1192.25m，先开启靠近两岸进水闸的泄洪冲砂闸门，再由两侧依次向中间开启，下泄相应流量。当河道来水量为 400m³/s 时，23 孔泄洪冲砂闸门全部开启到一定高度，控制闸前正常工作水位为 1192.25m。东西岸进水闸按引水比引水，总引水流量为 175m³/s，此时溢流堰上不过水。

　　c．当河道来水量超过 1384m³/s 时，闸前水位继续上升，所有泄洪冲砂闸门继续向上开启至 1192.85m 时，溢流堰上子堤开始溃堤泄流，此时东西岸进水闸要求控制引水，按分水比例引水，控制总引水流量为 175m³/s。当闸前水位继续上升至设计洪水位 1193.52m 时，23 孔泄洪冲砂闸门全部开启，总泄流量为 2646m³/s，溢流堰泄流量为 1043m³/s。当闸前水位继续上升至校核洪水位 1193.99m 时，23 孔泄洪冲砂闸门全部开启，总泄流量为 3265m³/s，溢流堰泄流量为 1776m³/s。

　　d．当洪峰过后闸前水位开始回落时，23 孔泄洪冲砂闸闸门依次由中间向两侧关闭。在溢流堰上子堤未恢复到设计高程 1192.85m、闸前水位为 1191.85m 时，此时东西岸进水闸总引水流量为 123m³/s，为设计总引水流量的 70%。

　　按照这个调度运用规程，叶尔羌河中游渠首工程运行平稳、安全，经历了大洪水的考验，提高了灌区的灌溉引水保证率，实现了工程节水目标。

　　（4）平原水库改造工程运行调度。平原水库经过节水改造后，虽然其调度运用的原则及调度运用规程基本保持原有状态，但水库运用的效率有明显提高，水库的调节能力大有增加。大西海子水库下泄生态水见图 5.18。

图 5.18　大西海子水库下泄生态水

（5）地下水开发工程运行调度。农用水源地的调度运用，主要是解决灌区干旱期的补充灌溉，其调度运用具有随机性，是与灌区种植结构、作物的种类、大河来水、土壤墒情及气候条件紧密联系的，没有统一的模式。

（6）河道治理工程运行调度。河道治理工程中，分水枢纽工程存在工程调度运用的实际情况，以塔里木河干流乌斯满枢纽为例，说明河道治理工程的调度运用情况。

由于塔里木河干流来水年内分配极不均匀，洪枯悬殊，乌斯满枢纽上游河道宽度较大且纵坡较缓，洪峰大，汛期来水含沙量大，且颗粒较细。因此，汛期应合理分水分沙，防止乌斯满枢纽上游淤积而影响两侧输水堤防，安全泄洪是本工程调度运行的关键。在汛期，根据乌斯满枢纽工程的地理位置及特点，在洪水上涨较缓慢。在小洪水来临时，在基本保证乌斯满枢纽工程引水闸分水流量情况下，视闸前泥沙淤积情况采取间歇式冲沙方式，为保证在大洪水到来时引水口前"门前清"。

1）乌斯满枢纽工程的调度运行原则。

① 按照塔里木河流域管理局的有关规定和统一调度指令合理运用。

② 枯水期以满足农业灌溉为主，靠近引水闸的 1～2 孔泄洪闸闸孔开启冲沙。

③ 洪水期引水闸部分开启，引够灌溉所需流量即可，泄洪闸在保证灌溉引水水位的前提下，以冲沙为主，视洪水流量逐孔开启，尽量减少主河槽淤积。

2）乌斯满枢纽工程的调度运行规程。

1～2 月、4～5 月及 12 月，灌区需水流量很小，此段时间泄洪闸部分开启，引水闸引入剩余水量全部下泄。

3月和6月由于大河来水流量小，乌斯满河输水损耗很大，因此这两个月不引水，引水闸关闭，泄洪闸部分开启，流量全部下泄。

7月，灌区需水流量为22m³/s，大河流量开始增加，此时引水闸全开，泄洪闸部分开启，控制水位分别为903.43m。当大河来水超过148m³/s时，泄洪闸已经全部开启，水位再涨，控制引水闸开度，保证引水流量为22m³/s。

8月，灌区需水流量分别为55m³/s和14m³/s。引水14m³/s情况下，控制水位为903.2m。当大河来水超过126m³/s时，泄洪闸已经全部开启，水位再涨，控制引水闸开度，保证引水流量为14m³/s。引水55m³/s情况下，控制水位分别为904.22m。当大河来水超过342m³/s时，泄洪闸已经全部开启，水位再涨，控制引水闸开度，保证引水流量为55m³/s。

9月，灌区需水流量分别为55m³/s和12m³/s，大河流量开始增加，此时引水闸全开，控制水位分别为904.22m和903.16m。

引水12m³/s情况下，控制水位为903.16m。当大河来水超过122m³/s时，泄洪闸已经全部开启，水位再涨，控制引水闸开度，保证引水流量为12m³/s。

引水55m³/s情况下，控制水位为904.22m。当大河来水大超过342m³/s时，泄洪闸已经全部开启，水位再涨，控制引水闸开度，保证引水流量为55m³/s。

10月、11月，灌区需水流量为7m³/s，控制水位分别为902.96m。当大河来水超过91m³/s时，泄洪闸已经全部开启，水位再涨，控制引水闸开度，保证引水流量为7m³/s。

经过实际调度运行考验，乌斯满枢纽工程运行安全，各项工程设施没有受到洪水损失，枢纽建筑物工作状态良好，有力地保障了灌区引水及洪水泄流。

（7）博斯腾湖输水工程运行调度。博斯腾湖输水工程的调度运行工作主要在东泵站、西泵站的联合调度运行管理工作中。

1）泵站工程的调度运行原则。博斯腾湖扬水站是孔雀河灌区重要的水源工程，同时又是开都河的终点，是不完全多年调节的天然水库——博斯腾湖的重要调节工程，它不仅控制着孔雀河流域的工农业用水，又对维护博斯腾湖的生态平衡、改善焉耆盆地及塔里木河中下游的生态环境具有重要影响。所以，泵站工程的调度运行原则就是博斯腾湖东泵站与西泵站联合调度运用，共同承担调节水量的任务。

2）泵站工程的调度运行规程。

① 在博斯腾湖水位低于1045.00m时，由西泵站承担抽水任务；在博斯腾湖水位1045.00～1047.50m时，由东、西泵站共同承担抽水任务；在博斯腾湖水位高于1047.5m时，东、西泵站均以加大出流能力出流，控制大湖水位不超过1048m。

② 严格执行上级下达的供水计划，并依供水计划安排生产，无特殊原因不可超计划供水和减少供水量。

③ 工程运行期间的水位不应超过泵站引水渠及进、出水池的设计水位，特殊情况下不应超过其最高运行水位。

经过2010年以后博斯腾湖东、西泵站的联合调度运用，工程运行安全，调度有力，圆满实现的调度目标。

（8）生态建设工程运行调度。生态闸放水运行调度管理按照50%的保证率要求，结合当年河道来水情况，基本保证每两年在汛期将全部生态放水闸轮流放水一遍，放水量的大小根据河道当时水位情况及生态闸控制的生态林草灌溉面积放足够的水量，以保证塔里木河干流上游、中游和下游生态灌区的有序供水。

（9）山区控制性水库运行调度。叶尔羌河下坂地水利枢纽工程的建设任务是以"生态补水和春旱供水为主，结合发电"。根据任务的需要，水库运行管理工作主要有三大类：一是水库运行调度管理；二是工程建筑物运行管理；三是工程安全监测。

1）水库运行调度。按照下坂地水库的开发目标，制定了水库运行调度方式，包括：下坂地水库调度和平原水库调度，按照每年生态补水和春旱供水要求的实际情况，在充分利用山区水库与保留的平原水库联合调节作用下，制定水库年调度运行计划及水库防洪度汛方案与措施，确定下坂地水库的运行方式如下：

7～9月下坂地水库以蓄库为主，代替平原水库蓄水，减少平原水库的蓄洪量，满足叶尔羌河卡群断面多年平均下放塔里木河的生态水量，以及灌区各节点的工农业需水量要求，按照不少于0.6亿 m³ 水量放水发电。

10月视下坂地水库蓄水情况，如蓄满，则下坂地水库不蓄水，按照来水发电放水，满足灌区各节点的工农业需水量要求；未蓄满，下游工农业有需水要求，则按灌区需水要求放水发电。

11月至次年2月下坂地水库补充灌区冬灌缺水，按保证出力35.9MW发电放水，平均下泄流量不少于22.4m³/s，多余水量参与平原水库反调节蓄水。

3～6月下坂地水库按灌溉春旱需水要求放水发电。

水库初期运行蓄、放水调度情况见表5.4。

表 5.4　　　　　　　　　　水库初期运行蓄、放水调度情况表　　　　　　　　　单位：万 m³

| 年　份 | 月　份 | 入库量 | 出库量 |
|---|---|---|---|
| 2010 | 3～6 | 18296 | 12852 |
| | 7～9 | 88139 | 79797 |
| | 10 | 6978 | 5224 |
| | 11月至次年2月 | 20121 | 27598 |
| 2011 | 3～6 | 25153 | 32192 |
| | 7～9 | 55355 | 31673 |
| | 10 | 6645 | 4492 |
| | 11月至次年2月 | 19531 | 34129 |
| 2012 | 1～2 | 8966 | 14147 |
| | 3～6 | 26555 | 39590 |

按照制定的水库调度方式，下坂地水库初期运行自2010年1月始下闸蓄水初期蓄水以来，首先与下游灌区管理单位建立了山区水库与平原水库联合调度机制，制定了联合会议制度，逐步优化完善与灌区现状条件的联调模式，按照这种调度方式，制定了每年的调度计划，经主管部门批准后进行水库调度。初步运行以来，已向下游春旱补水累计达

2.75 亿 m³，下泄量达 26.8 亿 m³，为集中向下游生态补水 3.3 亿 m³ 目标提供了条件。

2）对坝后下游脱水河段的调度。为解决坝后脱水段生态水问题，水库专门制定调度方案，每年 3～4 月、7～8 月、10～11 月三个时段，分别向坝后 10km 的脱水段河道下泄 1000 万 m³，已累计下泄量 3000 万 m³。

下坂地水利枢纽初期运行水库出入库水量统计见表 3.5。

表 3.5　　　　　下坂地水利枢纽初期运行水库出入库水量统计表　　　　单位：万 m³

| 年　　份 | 月　　份 | 入库量 | 出库量 |
|---|---|---|---|
| 2010 | 1 | 4130 | 3158 |
| | 2 | 3566 | 250 |
| | 3 | 4130 | 5335 |
| | 4 | 3777 | 525 |
| | 5 | 3897 | 1851 |
| | 6 | 6503 | 5817 |
| | 7 | 29213 | 30095 |
| | 8 | 44823 | 41589 |
| | 9 | 14103 | 7673 |
| | 10 | 6977 | 4127 |
| | 11 | 5231 | 3707 |
| | 12 | 5443 | 10177 |
| 2011 | 1 | 4993 | 7393 |
| | 2 | 4456 | 5236 |
| | 3 | 5068 | 11290 |
| | 4 | 4417 | 3927 |
| | 5 | 5526 | 5134 |
| | 6 | 10342 | 9117 |
| | 7 | 18628 | 13553 |
| | 8 | 23008 | 9108 |
| | 9 | 14238 | 2925 |
| | 10 | 6645 | 4468 |
| | 11 | 5420 | 9845 |
| | 12 | 5145 | 9375 |
| 2012 | 1 | 4679 | 8674 |
| | 2 | 4287 | 5757 |
| | 3 | 4752 | 12592 |
| | 4 | 4899 | 12849 |
| | 5 | 4741 | 7345 |
| | 6 | 12164 | 6920 |

水费是保证水库工程正常和可持续安全运行的重要条件之一，也是水库运行管理的一项重要内容，水库初期运行以来，由于各种原因，至今没有开征水费，为搞好水费开征工作，根据《水利工程供水价格管理办法》（国家发展和改革委员会、水利部第4号令）、《新疆维吾尔自治区水利工程供水价格核算办法（暂行）》（新价费〔2002〕1549号）等文件，下坂地水利枢纽工程建管局编制上报了《新疆下坂地水利枢纽工程供水价格核算报告》。新疆水利厅审查后对下坂地水利枢纽工程建管局上报的水库供水成本计算中的几项参数进行调整，按照调整后的几项参数计算，其中，农业经营性供水成本为 0.037 元/$m^3$，与可研报告中水价 0.06 元/$m^3$ 有一定的差距。目前，新疆水利厅《关于对下坂地水利枢纽工程建管局供水成本审核及水价调整意见》（新水水管〔2012〕19号）已上报新疆发展和改革委员会。水费的征收待新疆发展和改革委员会批准后，还要取得当地各级政府的大力支持才能保证正常征收。

3）主要建筑物运行管理。根据水利部、财政部制定的《水利工程管理单位定岗标准（试点）》和《水利工程维修养护定额标准（试点）》（水办〔2004〕307号）、《水库大坝安全管理条例》等规定，下坂地水库建立健全了运行岗位及责任制、安全保卫岗位，遵照"管养分离"的管理办法，制定了工程运行和维修养护管理制度。

水工建筑物：为保证工程建筑物的正常运行，建立了对坝区水工建筑物日常巡查、安全监测数据采集分析、汛前安全检查及汛后水库高水位状况下大坝安全监测数据分析、汛期24h值班及重点部位有专人值守等工作制度。建筑物的维修养护，通过面向社会招投标，由专业施工单位完成。

4）闸门、启闭机及电气设备运行管理。据下坂地水库水工机械及电气设备类别，制定了《导流泄洪兼放空洞弧形闸门（工作门）操作规程》、《导流泄洪兼放空洞检修闸门操作规程》、《固定卷扬启闭机操作规程》、《引水发电洞清污机操作规程》、《XFP352型柴油发电机操作规程》（备用电源）、《导流泄洪兼放空洞弧形闸门液压系统检查维修保养制度》、《XFP352型柴油发电机维修养护注意事项》及安全用电、消防等管理制度。每年汛前5月和汛后10月，由水库管理处职工完成对闸门、启闭机及电气设备的检查及维修养护。在日常检查中，如需要更换较大配件或中修、大修理，通过面向社会招投标，由专业施工单位完成。

在汛期等特殊时段，制定了水库调度和主要建筑物运行管理的抢险应急预案，经主管部门批准后执行，为保证预案能及时启动，每年有针对性地进行两次演练。

5）工程安全监测。为保证大坝和工程建筑物的安全运行，为维护提供可靠安全的科学依据，下坂地水利枢纽在建设中，按照设计要求，与工程建设的同时进行了工程监测设施的建设。在工程初期运行中，由水库管理处负责做好工程设施的维护和监测工作。监测工作主要有：水文监测、地震台网监测。导流洞工程安全监测布置见图5.19、图5.20、图5.21。

6）水文监测。水文监测共有10个监测点，监测内容涉及水位、流量、水质、雨量等。水情自动测报系统测站见表5.6。

图 5.19 导流洞工程安全监测布置示意图

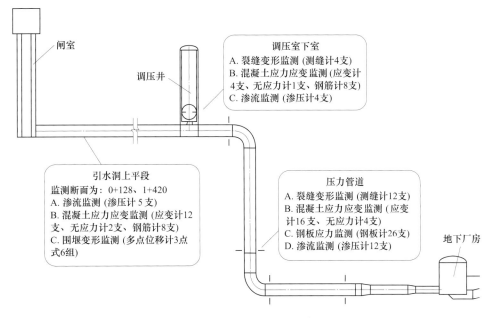

图 5.20 引水发电系统安全监测布置示意图

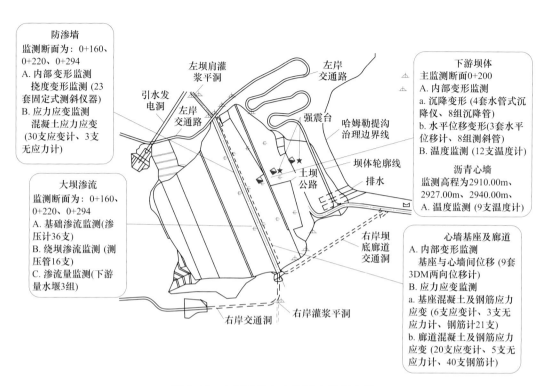

图 5.21　大坝工程安全监测布置示意图

表 5.6　　　　　　　　　　　水情自动测报系统测站一览表

| 站　名 | 通信方式 | 监测内容 | | 位　置 | 备　注 |
|---|---|---|---|---|---|
| | | 测站类别 | 监测项目 | | |
| 达布达尔 | 卫星 | 水文站 | 水位、流量、雨量 | 名铁盖河与红其拉甫河汇合口下，达布达尔乡政府下游 1.8km | 大坝上游 115km 报汛水文站 |
| 伊尔烈黑 | GSM | 水文站 | 水位、流量、雨量 | 塔县水电站下游 0.8km 处 | 大坝上游 28km 入库水量测站 |
| 协力波斯 | GSM | 水文站 | 水位、流量、雨量 | 下坂地水电站尾水渠下游 200m 处 | 大坝下游 10km 出库水量测站 |
| 瓦恰 | 卫星 | 雨量站 | 雨量 | 瓦恰乡政府 | 大坝上游 70km |
| 日杰克道班 | 卫星 | 雨量站 | 雨量 | 塔合曼乡政府 | 大坝上游 68km |
| 下坂地坝上 | GSM | 水位雨量站 | 水位、雨量 | 下坂地水库大坝 | |
| 塔县水电站坝上 | GSM | 水位雨量站 | 水位、雨量 | 塔县水电站坝上 | 大坝上游 29km |
| 中心站 | 卫星 | | | 水库管理处一楼机房 | |
| 辛迪 | 有线通讯 | 气象站 | 风速风向、气温、蒸发、雨量 | 水库管理处办公楼外围 50m 处 | 大坝上游 15km |
| 喀什气象站 | 卫星 | 气象站 | 高空气温 | 喀什地区水文局 | 喀什市 |

水情监测、预报，是指导水库兴利调度和安全运行工作的重要组成部分。下坂地水利工程水情自动测报系统自 2009 年建成投入运行以来，水文测报系统在水库初期蓄水经过的两个蓄水期年运行以来的工作中，在库水位—库容曲线的建立工作开展、水库防洪调度、水库兴利调度等安全运行，发挥了指导作用。系统运行正常，且水情信息监测、测报符合工程设计要求。

7）地震台网监测项目及台站布置。下坂地水库大坝上游 4km 处有一条安人力塔克断裂带穿过库区，下坂地地震台网监测系统 4 个数字遥测地震台布置在该断裂带两侧。地震台网监测系统共设：1 个台网记录中心，4 个数字遥测地震台，1 个中继站，2 个大坝强震台。下坂地水利枢纽地震台网监测系统见表 5.7。

表 5.7 下坂地水利枢纽地震台网监测系统一览表

| 序号 | 台站名称 | 通信方式 | 监测内容 | 地理坐标 | | 备注 |
| --- | --- | --- | --- | --- | --- | --- |
| | | | | 经度/纬度 | 高程/m | |
| 1 | 辛迪台 | 无线接、收发机 | $M_s \geqslant 0.5$ 级地震及强震 | 75°23′54″/37°52′37″ | 3070.00 | 水库管理处北面山坡，大坝上游 16km |
| 2 | 下坂地遥测台兼中继站 | 无线接、收发机 | $M_s \geqslant 0.5$ 级地震 | 75°25′34″/37°50′42″ | 3284.00 | 移民大桥左岸山顶，大坝上游 11km |
| 3 | 坂地村台 | 无线接、收发机 | $M_s \geqslant 0.5$ 级地震 | 75°27′45″/37°50′26″ | 3073.00 | 大坝上游左岸 6km |
| 4 | 坂地乡台 | 无线接、收发机 | $M_s \geqslant 0.5$ 级地震 | 75°30′28″/37°46′07″ | 3106.00 | 坂地乡政府东面山坡，大坝上游 13km |
| 5 | 大坝强震台 | 光纤 | 强震 | | | 大坝中上部和底部 |
| 6 | 台网中心 | | | | | 水库管理处一楼机房 |

"下坂地水利枢纽数字遥测地震台网"的建设，是实施对水库区域及周边地区地震的监测，通过对地震活动性监测，判断潜在震源区、确定其地震活动性参数以及为分析评价库区的地震危害性提供依据。下坂地水利枢纽地震台网监测系统自 2007 年 5 月建成投入运行以来，台网系统地震监测能力达到 ML1 级，$M_s \geqslant 0.5$ 级地震不漏记，地震定位精度达到Ⅰ类，系统运行正常，对地震监测所采集的信息符合工程设计要求。

8）水力发电厂运行调度。水力发电厂发电调度原则是"电调服从水调"。依据"电调服从水调"的原则，下坂地水力发电厂编制年度发电计划和汛期调度计划：枯水期力保发电泄水量大于多年平均入库流量，洪水期充分考虑水库的运行安全，每年 5 月底汛前利用发电泄水通道尽可能均衡的降低库容，依据下坂地水库上游多年平均水文资料，6月中旬至9月中旬为主汛期，因而6~9月力争利用汛尾多蓄水，10~11月少发电为来年春旱供水及生态补水贮备水源。

（10）水量调度系统运行调度。水量调度系统工程不存在工程调度运行的问题。

# 6

# 工程建设经验与教训

## 6.1　工　程　建　设　经　验

　　近期综合治理工程经过所有参与人员 10 余年的努力，自 2001 年到 2012 年底，基本完成了规划拟定 9 大类工程的项目建设，实现工程节水目标 27.22 亿 $m^3$，达到规划 26.61 亿 $m^3$ 的工程节水目标。源流向塔里木河干流多年平均输水（阿拉尔断面）45.33 亿 $m^3$，达到规划目标 46.5 亿 $m^3$ 的 97％。2001～2012 年期间，大西海子断面平均每年下泄生态水 3.2 亿 $m^3$，其中近期综合治理工程基本投入运行后，2009～2012 年期间，平均每年下泄 4.72 亿 $m^3$，基本达到了规划大西海子断面多年平均下泄 3.5 亿 $m^3$ 生态水的目标。工程效益初步显现，水流到了台特玛湖，塔里木河干流上中游林草植被得到有效保护和恢复，下游生态环境得到初步改善，规划目标已经初步实现。台特玛湖结束连续 30 余年干涸的历史见图 6.1、图 6.2。

图 6.1　台特玛湖结束连续 30 余年干涸的历史

图 6.2  台特玛湖日落

从 2008 年起，由塔里木河干流的来水平均每年有 3~5 个月时间，经大西海子断面以下河道流入台特玛湖，结束了塔里木河下游大西海子至台特玛湖之间河道 30 余年的断流和台特玛湖干涸现象，湖水面积最大时 $300km^2$，下游两岸 1km 范围内地下水位由 12m 上升至 2~4m，地下水矿化度由 3~11.1g/L 降至目前的 1.5~2.6g/L，塔里木河两岸植被重见生机，沙化面积减少 $105km^2$，下游植被恢复面积达 $1333km^2$，植物物种由 17 种增加到 46 种，野生动物常见出没，塔里木河下游生态环境状况初步改善见图 6.3、图 6.4。

每一项近期综合治理工程按设计要求保质保量完成建设任务，协同发挥工程效益，是规划目标能够完成的关键因素之一。在工程建设中取得了很多好的经验，简单来说有下列几个方面。

（1）建立了统一管理、分级负责的建设管理模式。近期综合治理工程与其他单项工程建设项目有较大的区别，工程项目分散，很多节水项目均在老灌区，在现有水库、渠道及现有耕地内改造，工程建设周期短，施工与灌水矛盾十分突出，工程征地矛盾非常普遍，需要协调的工作量很大，单靠塔里木河流域管理局一家单位是不可能完成工程建设任务

图 6.3  生态水从下游老英苏村的废墟旁流过

图 6.4　塔里木河下游来水景象

的。因此，近期综合治理工程采用了"统一管理、分级负责"的原则，建立起了相应的建设管理组织机构。塔里木河流域管理局把主要精力放在了塔里木河干流中下游河道治理和水资源统一调度与管理上，充分发挥了塔里木河流域管理局协调各流域关系中的优势。对各源流工程项目，塔里木河流域管理局抓住了工程建设中的重点环节，对设计、招标投标、设计变更和资金拨付等关键环节进行监督管理，保证了工程质量和进度，保证了工程效益的发挥。

各源流工程建设则由当地政府组建项目法人负责实施。工程建设的受益地区，往往项目建设的积极性比较高，项目法人与当地政府能够较好的沟通和协调，为解决工程建设中的外部矛盾起到了良好的作用。同时，统一管理、分级负责的管理模式也体现了权责的统一，各地因工程受益，也要承担节水输水的责任，权责相适应。

（2）建立了完善的管理制度。近期治理工程项目分散，单项工程数量多，给前期工作管理、资金管理等带来很大的困难，为此塔里木河流域管理局组织建立了一套完善的管理制度。制定了近期治理工程项目建设管理、资金使用管理、前期工作管理、招投标管理等13个配套的管理办法，有效地加强了建设管理工作，逐步实现了制度化、规范化管理，保证了近期治理工程项目质量和进度，保证了工程资金安全。

（3）加强前期工作管理。前期工作的好坏直接关系到国家投资计划的安排和工程开工后能否正常实施。因此，各级建设管理单位都非常重视前期工作的进度和质量。为了做好工作，塔里木河流域管理局要求建设单位必须参与项目的前期勘测，基本资料的收集和成果报告的初审工作，避免设计成果不符合项目建设实际的情况发生。要求设计单位必须按规范办事，深入拟建工程现场，认真细致地开展勘查设计和调查研究工作，充分掌握工程现场的各方面资料，严格按照设计规范要求开展设计工作，保证设计深度和质量，严肃认真地进行设计质量把关，严格审查程序，加强设计单位的信誉管理，提高设计质量，减少设计变更。

严格管理设计变更。设计变更会对水利工程建设项目的质量、安全、工期、投资、效益等方面产生重要的影响，因此，设计变更越来越成为工程建设管理程序的重要环节，也是工程审计的重点内容。近期治理工程的设计变更管理办法，详细地对哪些是重大设计变更，哪些是一般设计变更做出了量化的、细化的界定，便于项目法人理解和操作。严格的设计变更管理，对建设单位、设计单位规范工作起到促进作用，对提高工程勘察设计水平、保障工程质量起到重要的作用。

（4）依靠技术研究攻克技术难题。近期治理工程涉及很多技术难题，比如下坂地水利枢纽遇到的深厚覆盖层处理，塔里木河干流游荡性河流的护岸设计施工，塔里木河干流上引水枢纽的泥沙处理，叶尔羌河中游渠首工程粉细沙基础处理都是少有同类工程参考的。依靠专家和技术人员共同的科研攻关，最终解决了这些技术难题，保证了工程进度和质量。

# 6.2　工程建设中的教训

近期综合治理工程建设管理还有许多需要改善的地方，怎样在复杂的系统工程中加强管理，提高执行力与执行效率方面还有很多值得探索的科学管理方法，还需要培养一批懂技术更懂科学管理的复合型人才。以下是几点粗浅的建议，希望在下一阶段的综合治理工程建设中能够改进。

（1）综合治理工程建设组织管理的模式还有待探索。分级管理的模式在近期治理工程实践中取得了较好的效果，塔里木河流域管理局和各地（州）项目办对项目法人的层层监督管理，保证了工程质量，保证了资金安全，严格的项目变更管理，保证了项目的节水效益。近期治理工程从前期工作，到竣工验收，细致形成的每一盒工程档案都进行了规范化管理，这种规范化的管理，较大地提升了整个塔里木河流域水利工程的建设管理水平，培养了一批懂技术懂管理的干部。

分级管理的模式也存在着需要改进的地方，比如，塔里木河流域管理局是项目实施的主体还是监督的主体，还不是很明确，如果作为监督的主体，缺少更强有力的监督手段，如果作为实施的主体，又会过多的参与具体的建设管理事务，从人员精力都不能胜任。本书的体会是，塔里木河流域管理局应该作为监督的主体，发挥好监督的作用，但要取得一定的行政监督的职能，才能更好地监督管理，缺少监督职能和处罚手段监督形同虚设。

分级管理的模式也带来了管理程序的复杂性，一些环节甚至要经过四级的审查，极大地增加了项目法人的工作量，带来了管理成本的上升，管理效率的低下。塔里木河流域管理局最能从整个塔里木河流域的角度出发，公正的安排项目，组织实施，塔里木河流域管理局应该取得更多的最终审批权限，提高管理的效率。

（2）诚信管理需要不断加强。近期治理工程实施过程中，早在 2006 年，塔里木河流域管理局就制定了不良信用记录和黑名单管理办法（全国的《水利建设市场主体不良行为记录公告暂行办法》是在 2009 年 10 月印发的，《新疆维吾尔自治区水利工程建设市场主体不良行为管理办法》是在 2010 年 6 月印发的）。近期治理工程的不良信用记录和黑名单由各级建设单位上报塔里木河流域管理局，塔里木河流域管理局在每年的建设与管理工作会议上，仅在近期治理项目范围内进行通报，对违反诚信的单位最严重的处罚可禁止其在下一年度的近期治理工程投标，对近期治理工程的参建单位起到一定的惩戒作用。塔里木河流域管理局在信用管理方面做了有益的探索，但由于塔里木河流域管理局并不具有信用管理的职能，因此，并未长期执行。

工程建设中缺乏诚信危害市场秩序，各方的权益都有可能受到侵害，难以实现公平公正，没有诚信与相关法规的保证，整个市场就会缺乏活力。因此，在今后的综合治理工程中，要不断加强诚信体系建设，塔里木河流域管理局要建立自己的诚信信息平台，参与综合治理工程的参建单位信息要在塔里木河流域管理局备案，塔里木河流域管理局按照新疆维吾尔自治区的不良行为管理办法，及时收集整理上报不良行为的信息。

（3）需树立监理的地位。受业主的委托，偏向于为业主服务水利工程建设监理制，明确规定了监理的权责。而在实际运用中，由于受业主委托，监理人不得不按照业主的意愿开展工作。有时会出现不按实际的工程量进行支付、不按规定的时间进行支付，支付的随意性强，合同执行不严肃。因此监理人丧失了质量控制的有效手段。在我国现阶段的建设体制中，和谐是必需的，监理人不会因督办工程质量而过多地和业主发生矛盾，在实际工作中偏向于为业主服务，因此难以达到监理的预期目标。业主和监理是委托和被委托的关系，其监理费用的支付由业主控制并按相应的条款支付，这就是说监理人的行为和报酬要受控于业主。不然监理费用就会少给、缓给、拖给、有回扣的给，或者丧失这片市场，导致工程施工监理过程中，监理看业主脸色行事，一些项目不按进度付款的现象时有发生。

为增强监理工作的相对独立性。可以考虑把监理费用在合同条款中规定由第三方进行管理执行，也就是说在以后的综合治理工程监理中，监理费用由塔里木河流域管理局统一管理，按照合同中监理人的职责、义务、权利进行考核，根据考核结果和相应的合同条款进行监理费的合理支付，这样就避开了监理受业主控制的现象。通过自己相对的独立性、公正性，对工程建设过程中的不良现象进行有效制约，逐渐杜绝水利工程建设市场的不良行为，促进监理制度的完善，使监理人员真正按照各种规章制度发挥监理的作用，提高监理工作的执行力度。

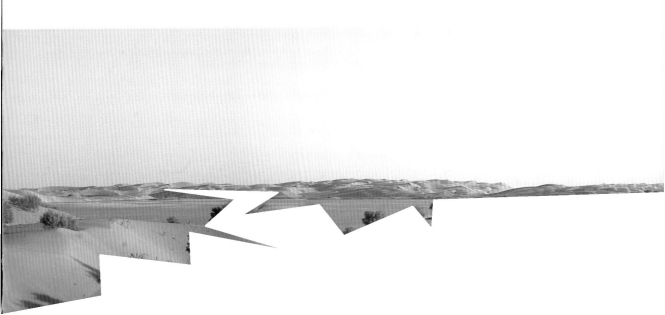

# 参 考 文 献

［1］ 章仲虎. 水利工程施工. 北京：中国水利水电出版社，2001.
［2］ 黄祚继，黄忠赤，黄守琳，等. 水利水电工程建设管理工作实务. 郑州：黄河水利出版社，2012.
［3］ 王火利，章润娣. 水利水电工程建设项目管理. 北京：中国水利水电出版社，2005.